Die Wirtschaftlichkeit von Nebenproduktenanlagen für Kraftwerke

Von

Professor Dr. **G. Klingenberg**

Mit 16 Textfiguren

Berlin
Verlag von Julius Springer
1918

ISBN-13:978-3-642-89952-2 e-ISBN-13:978-3-642-91809-4
DOI: 10.1007/978-3-642-91809-4

Vorgetragen in der 58sten Hauptversammlung des Vereines deutscher Ingenieure am 24. November 1917

Sonderabdruck
aus der Zeitschrift des Vereines deutscher Ingenieure

Einleitung.

Wenige technische Probleme haben in den letzten Jahren das Interesse weiter Kreise in so hohem Maße erregt wie das der möglichst vollkommenen und restlosen Ausnutzung der Kohle.

Lange Zeit hindurch haben sich die Anstrengungen der Ingenieure auf die Verbesserung der Energieumwandlung (Verbesserung des thermischen Wirkungsgrades der Wärmekraftmaschine, Erhöhung des Kesselwirkungsgrades, Verminderung der Fortleitungsverluste usw.) beschränkt, erst in den letzten Jahren ist man zum planmäßigen Abbau der Kohle und zu ihrer Aufschließung durch die sogenannte Nebenproduktenwirtschaft geschritten.

Die chemische Auswertung der Kohle wurde durch den Abschluß Deutschlands vom Weltmarkt stark gefördert, zumal das Interesse solcher Kreise erweckt wurde, die ihr früher fremd und teilnahmlos gegenüberstanden. Es ist daher an sich erklärlich, daß überschwengliche Hoffnungen und Erwartungen an diesen jungen Zweig der Technik geknüpft wurden und daß vornehmlich Nichttechniker die vollkommene und baldige Umgestaltung der Kohlenverwertung gebieterisch verlangten.

Wie so häufig bei wichtigen technischen Neuerungen übersah man, daß die Ausbeute eines wertvollen Stoffes nicht allein durch die technische Möglichkeit seiner Gewinnung begrenzt ist. Hierüber entscheidet vielmehr letzten Endes die Wirtschaftlichkeit des Verfahrens.

Die durch den Krieg geschaffene Lage mag zeitweilig eine Verschiebung mit sich bringen, wird aber der Weltmarkt wieder frei und muß mit dem Wettbewerb ähnlicher billigerer Auslanderzeugnisse gerechnet werden, so stellt sich das Gleichgewicht wieder ein, wenn nicht durch Zölle der teuern Inlandware die Spannung an Mehrkosten gegenüber der ausländischen gutgebracht werden kann.

Anmerkung. Für die wertvolle Mitarbeit an dieser Abhandlung spreche ich Hrn. Dr. Friedrich Münzinger meinen besten Dank aus.

Zweck dieser Arbeit ist, zu untersuchen, ob und in welchem Umfange die Vergasung der Kohle und die Gewinnung der Nebenprodukte Aussicht auf Erfolg versprechen. Dabei soll festgestellt werden, wie die gewonnenen Gase für die Zwecke der Wärme- und Krafterzeugung weiter verarbeitet werden können.

I. Die festen Brennstoffe und ihre Eigenschaften.

Die Kohlen bestehen aus der eigentlichen brennbaren Substanz: der Reinkohle, aus Wasser und aus Asche. Die brennbare Substanz setzt sich zusammen aus C, H, O, N und S. Neuere Forschungen haben ergeben, daß die Kohle keine einfache Verbindung ist, sie besteht aus zahlreichen hochmolekularen Verbindungen. Es kann ferner als sicher angenommen werden, daß die Kohle den Kohlenstoff nicht als elementaren Kohlenstoff, sondern in Form von Kohlenwasserstoffen enthält.

Der Wert der Kohle für die Verbrennung bezw. Vergasung hängt im allgemeinen von ihrem Heizwert, ihrem chemischen Aufbau und ihrem chemischen und physikalischen Verhalten bei der Vergasung oder Entgasung ab.

Man kann die Kohlen etwa nach folgenden Gesichtspunkten einteilen:

1) äußere Beschaffenheit nach Korngröße, Farbe, Verunreinigungen mit fremden Bestandteilen und nach spezifischem Gewicht;

2) chemische Zusammensetzung;

3) Verhalten in der Hitze.

Eine Kohle ist für die Vergasungs- und Feuerungstechnik im allgemeinen um so wertvoller, je gleichmäßiger ihre Korngröße ist, je mehr sich diese von den äußersten Grenzen — Kohlengrus und große Stücke — entfernt und je weniger sie durch Gestein (Berge) verunreinigt ist. Für zahlreiche Verwendungszwecke wird daher die Kohle auf mechanischem Wege (Waschen und Sortieren) vom Gestein befreit und nach der Korngröße sortiert.

Der Gehalt an Asche und Wasser hängt vom Zufall ab und steht mit der Natur der Kohle nicht in unmittelbarem Zusammenhang. Es empfiehlt sich deshalb, die Betrachtung auf aschen- und wasserfreie Kohle (Reinkohle) zu beschränken. Diese ist ihrer chemischen Zusammensetzung nach für dieselbe Kohlenart nahezu unveränderlich[1]).

---

[1]) Dr. Aufhäuser, Brennstoffkunde, Hamburg 1910.

Für die meisten Verwendungszwecke entscheidet allein der Gehalt an flüchtigen Bestandteilen.

Je älter eine Kohle ist, um so gasärmer ist sie, und um so höher ist die Koksausbeute. Mit zunehmendem Alter nimmt der Gehalt an Sauerstoff und Wasserstoff allmählich ab, der Kohlenstoffgehalt zu.

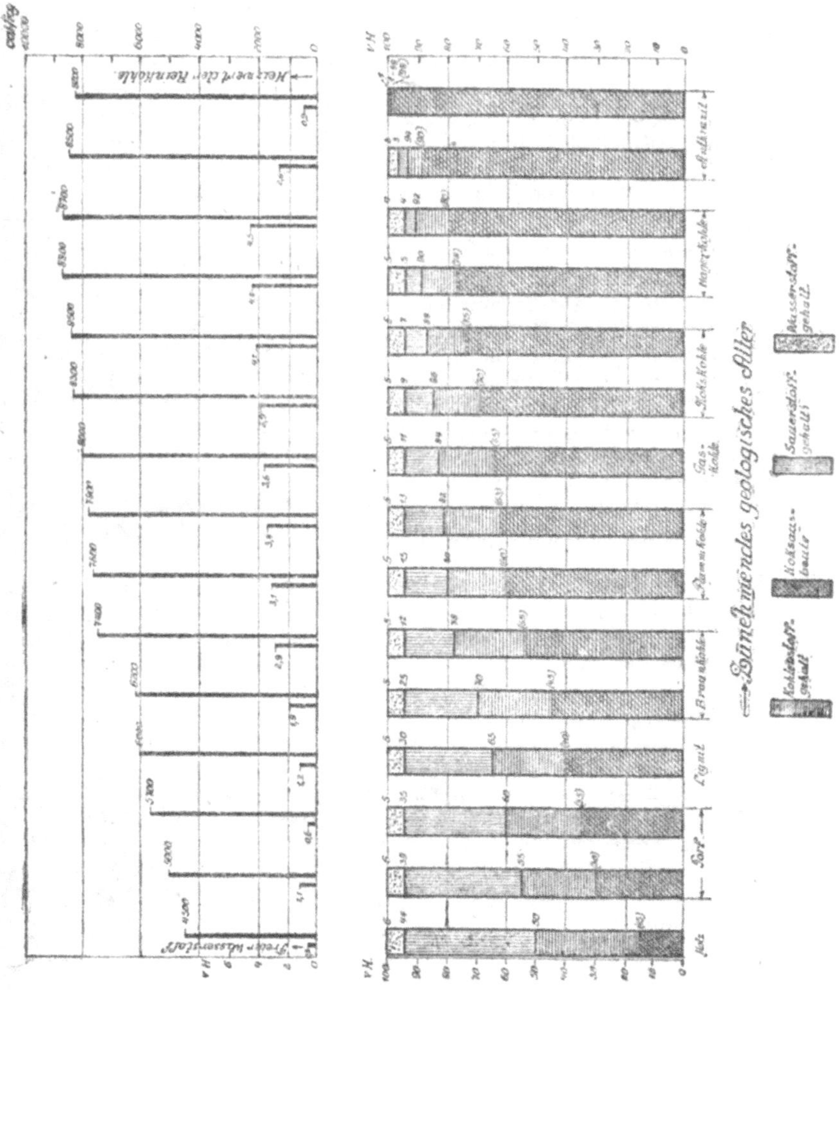

Abb. 1. Eigenschaften der »Reinkohlen« verschiedener Kohlensorten.

Abb. 1 zeigt die Zusammensetzung der hauptsächlichsten Kohlensorten und bringt diese Verhältnisse zum Ausdruck [1]). Der Wasserstoffgehalt der Kohle schwankt in engen Grenzen (5 bis 6 vH), der Sauerstoffgehalt geht mit zunehmendem Alter allmählich von 45 vH auf 1 vH zurück, der Kohlenstoffgehalt steigt von 50 vH auf 98 vH.

Da der Sauerstoffgehalt in bezug auf den Heizwert Ballast bedeutet, haben junge Brennstoffe weniger Heizwert als ältere.

Das Verhalten im Feuer hängt sehr von der Menge des freien Wasserstoffes ab, die mit steigendem Alter zunimmt, um schließlich beim Anthrazit wieder zu fallen. Je größer das Aequivalentverhältnis des freien Wasserstoffes zum Kohlenstoff ist, um so mehr nähert sich die Kohle dem beweglichsten und reaktionsfähigsten Gase, dem Wasserstoff, und umgekehrt [2]).

Auch die Art des Zersetzungsprozesses (Entgasung, Vergasung, Verbrennung) und das physikalische Verhalten der Kohle in bezug auf Zusammenbacken und Schlackenbildung beeinflussen ihr Verhalten im Feuer. Gerade die beiden letzteren Faktoren können ihre Verwertung in Generatoren sehr erschweren. Es kommt oft weniger auf die Menge der Asche als darauf an, ob die Asche bei den im Generator herrschenden Temperaturen schmilzt und Schlacken bildet oder nicht. In letzterem Falle gehen die Rückstände ohne Schwierigkeit ab.

Das Unverbrennliche besteht hauptsächlich aus den beiden hochfeuerfesten Körpern, der Kieselsäure und der Tonerde, ferner aus Eisenoxyd, Kalk und Magnesia, die als Flußmittel wirken. Je kleiner der Gehalt an Kieselsäure und Tonerde im Verhältnis zum Gehalt an Fe_2O_3, CaO und MgO ist, um so tiefer sind die Temperaturen, bei denen die Asche schmilzt, um so mehr neigt sie zur Schlackenbildung.

Während der Abkühlung der Gase scheidet sich aus ihnen Teer ab, der aus zahlreichen chemischen Verbindungen besteht. Er wird vor seiner weiteren Verarbeitung, die meistens in besonderen Fabriken erfolgt, von dem Wasser durch geeignete Behandlung getrennt. Der Teer wird dann in festes Pech und in verschiedene Destillationsstufen geschieden, die wieder Ausgangsprodukte für zahlreiche, hauptsächlich der Farben- und Sprengstofffabrikation dienende Stoffe sind.

---

[1]) nach Kukuk, Unsere Kohlen, Leipzig 1913, B. G. Teubner.

[2]) Dr. Aufhäuser, Z. 1917 S. 266.

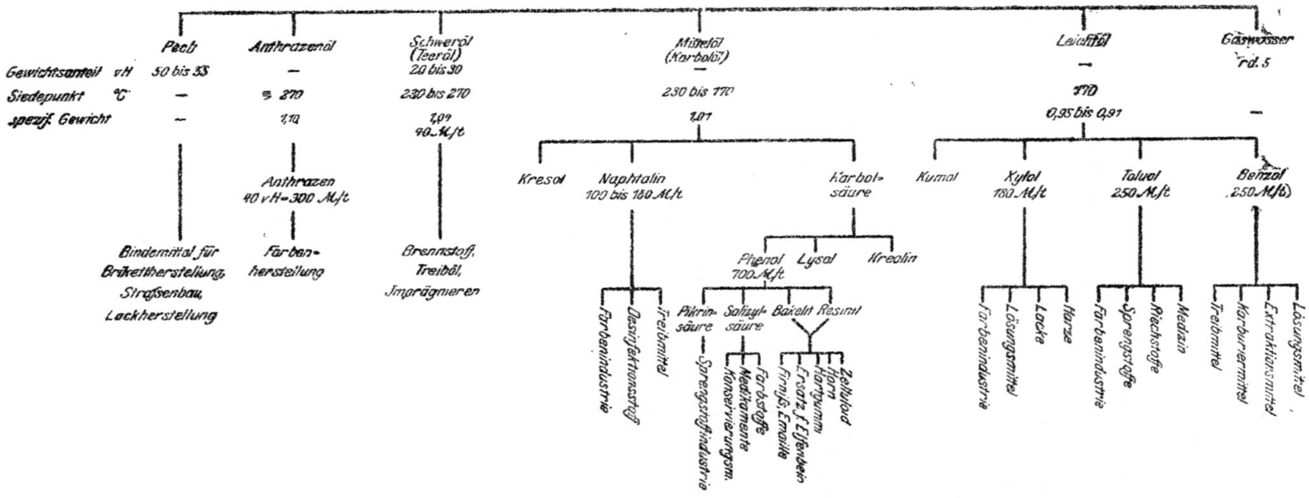

Abb. 2. Verarbeitung des Rohteers.

Abb. 2 zeigt die Weiterverarbeitung des Steinkohlenteers aus Gasanstalten und Kokereien als Ausgangsprodukt zahlreicher Industrien. Die außerordentliche Wertsteigerung durch die Weiterverarbeitung, die nach Scheuer[1]) das Hundertfache des Urstoffes beträgt, zeigt sich in dem jährlichen Umsatz der deutschen Farbenfabriken, der 1913 500 Mill. ℳ erreichte.

Neben dem Gehalt an Teer ist der Stickstoffgehalt von größter wirtschaftlicher Bedeutung. Man nimmt an, daß er aus den Eiweißstoffen der Pflanzen stammt, aus denen die Kohle entstand, und in ihr als Kohlenstickstoff enthalten ist[2]). Er beträgt in Prozenten der Rohkohle für

Ruhrkohle	0,7	bis	1,5	vH	[3])
Saarkohle	0,8	»	1,3	»	[4])
Schlesische Kohle	0,7	»	1,5	»	[4])
Sächsische Kohle	0,9	»	1,6	»	
Mitteldeutsche Braunkohle	0,25	»	0,4	»	

Sein Wert beruht vor allem auf seiner Verwendung als Düngemittel in Form von Ammoniumsulfat, das sich gegenüber dem früher fast ausschließlich benutzten Chilisalpeter mehr und mehr durchsetzt und für manche Zwecke bevorzugt wird. Uebrigens läßt sich Ammoniakstickstoff leicht in Salpeterstickstoff überführen.

Dem Ammoniak aus Kohle sind im synthetischen Ammoniak, im Kalksalpeter und im Kalkstickstoff[5]) zahlreiche Mitbewerber entstanden, die letzten Endes auf die Erzeugnisse aus Kohlenstickstoff preisdrückend wirken und ihre Absatzmöglichkeit merklich beschränken können. Auch durch die während des Krieges ausgeführten Anlagen für die Gewinnung von Salpetersäure aus der Luft mit Hilfe des elektrischen Lichtbogens werden größere Stickstoffmengen gewonnen.

II. Bedarf und Preise der Nebenprodukte.

a) Teer.

Bezogen auf Rohkohle, beträgt die Teerausbeute im allgemeinen bei

deutschen Steinkohlen	2	bis	7	vH
mitteldeutschen Braunkohlen . .	2	»	8	»

---

[1]) Eine Reihe der folgenden Angaben sind der sehr lesenswerten Arbeit von Dr. Scheuer in Glasers Annalen für Gewerbe und Bauwesen 1915 S. 209 entnommen.

[2]) Heckel, »Stahl und Eisen« 1913 S. 402.

[3]) Wolff, »Stahl und Eisen« 1914 Heft 12.

[4]) Scheuer a. a. O.

[5]) Kalkstickstoff als Düngemittel, Berlin 1915, Paul Parey.

Wert und Ausbeute des Teers hängen außer von der Beschaffenheit der Kohle in hohem Maße von ihrer Behandlung bei der Entgasung oder Vergasung ab. Gaswerke erzielen eine höhere Ausbeute als Kokereien, im Generator kann die Ausbeute durch besondere Vorrichtungen, die erst in jüngster Zeit durchgebildet wurden, der Menge und dem Werte nach erheblich gesteigert werden. Die Teerausbeute steigt im allgemeinen mit dem Sauerstoffgehalt der Steinkohle.

Teer, der früher als lästiges Abfallerzeugnis betrachtet wurde, ist ein begehrter Ausgangstoff für zahlreiche Produkte geworden, in denen Deutschland die Führung hat.

Im Jahre 1912 wurden in 106 deutschen Betrieben insgesamt verarbeitet[1]):

1) Teer.	Menge in t	Wert in Mill. *M*
a) Kokereiteer einschl. Dickteer usw. .	900 352	21,737
b) Gasanstaltsteer	239 033	7,265
c) Wassergasteer	1 537	0,055
d) Oelgasteer	9 376	0,325
	1 150 298	29,382
2) Halbfabrikate der Teerdestillation	174 269	13,466
Es betrug die Jahreserzeugung aus den Derivaten des Teers	1 161 105	53,271

Im Jahre 1914 sollen in Deutschland rd. 400 000 t Gasanstaltsteer und 1 000 000 t Kokereiteer im Werte von 24 Mill. *M* destilliert worden sein.

Die Entwicklung des Außenhandels in Steinkohlenteer zeigt Abb. 3. Die Ausfuhr hat die Einfuhr sowohl der Menge als dem Werte nach bei weitem übertroffen, und zwar im Jahre 1911 um 35 598 t mit 1,811 Mill. *M*. Abb. 3 zeigt ferner die starken Schwankungen des Teerpreises. Er fiel z. B. von rd. 26 *M*/t im Jahre 1900 auf rd. 20 *M*/t im Jahre 1914; zurzeit wird allerdings mit sehr viel höheren Teerpreisen gerechnet.

Die amtlichen Ein- und Ausfuhrzahlen für Teerprodukte lauten für das Jahr 1912:

---

[1]) Nachrichten für Handel, Industrie und Landwirtschaft 1914 Nr. 58, Beilage.

	Einfuhr			Ausfuhr		
	Menge t	Wert ℳ	Wert ℳ/t	Menge t	Wert ℳ	Wert ℳ/t
Steinkohlenteer . .	16 932	508 000	30,0	76 584	3 267 000	42,8
Steinkohlenpech .	47 054	1 882 000	40,0	78 277	3 664 000	47
Benzol, Cumol, Toluol und andre leichtere Teeröle	7 372	2 138 000	290	32 481	5 838 000	130
Anthrazen-, Karbol-, Kreosotöl und andre Schweröle, Asphaltnaphtha	7 647	344 000	45	130 482	7 210 000	55,3
Naphthalin . . .	6 252	312 000 [1]	50 [1]	6 749	338 000	50 [1]
Anthrazen . . .	2 328	69 840	30 [1]	596	180 000	30 [1]
Phenol	4 289	2 256 000	525	3 571	3 579 000	1010
Kresol	101	—	—	594	—	—
Summe	91 975	7 509 840	—	329 334	24 076 000	—

[1]) geschätzt.

Die Ausfuhr übertraf die Einfuhr um 237 359 t im Werte von rd. 16,6 Mill. ℳ.

Auf die starken Schwankungen des Teerpreises wurde schon hingewiesen, und es fragt sich, wie sich der Markt nach dem Kriege voraussichtlich entwickeln wird.

Die Ausfuhr von Rohteer und seinen Derivaten war schon vor dem Kriege wesentlich größer als die Einfuhr, es ist also mit großer Wahrscheinlichkeit anzunehmen, daß ein beträchtlicher Teil der früher ausgeführten Teerprodukte nach dem Krieg im Lande verbleiben muß und dadurch den Marktpreis drückt.

Das Ausland hat wohl nicht ohne Erfolg versucht, sich von Deutschland unabhängiger zu machen. Deutschland muß wiederum bestrebt sein, sich von den Erzeugnissen der fast ausschließlich in fremden Händen befindlichen Erdölindustrie nach Möglichkeit zu befreien, indem es seine motorischen Brennstoffe aus dem Teer gewinnt, Benzin durch Benzol und ausländisches Treiböl (Gasöl) durch Teeröl ersetzt.

Der Bedarf wird um so größer sein, als anzunehmen ist, daß der Groß-Dieselmotor in der Marine starke Verbreitung finden wird, wenn er gegen Schwankungen der Treibölbeschaffenheit unempfindlicher geworden ist.

Auch als Brennstoff für Dampfkesselfeuerungen dürfte Teeröl nicht auf die Marine beschränkt bleiben. Es ist nicht ausgeschlossen, daß Teeröl für die Beheizung von Lokomotiven Verwendung finden wird, weil häufig nicht der Preis, sondern der Platzbedarf entscheidet. Versuche der Preußisch-Hessischen Eisenbahnverwaltung haben gezeigt, daß Teeröl-Zusatzfeuerung auf Strecken mit starker Steigung die Leistung der Lokomotiven bis um 20 vH zu steigern gestattet. Als weitere sehr schätzenswerte Vorteile der Teer-

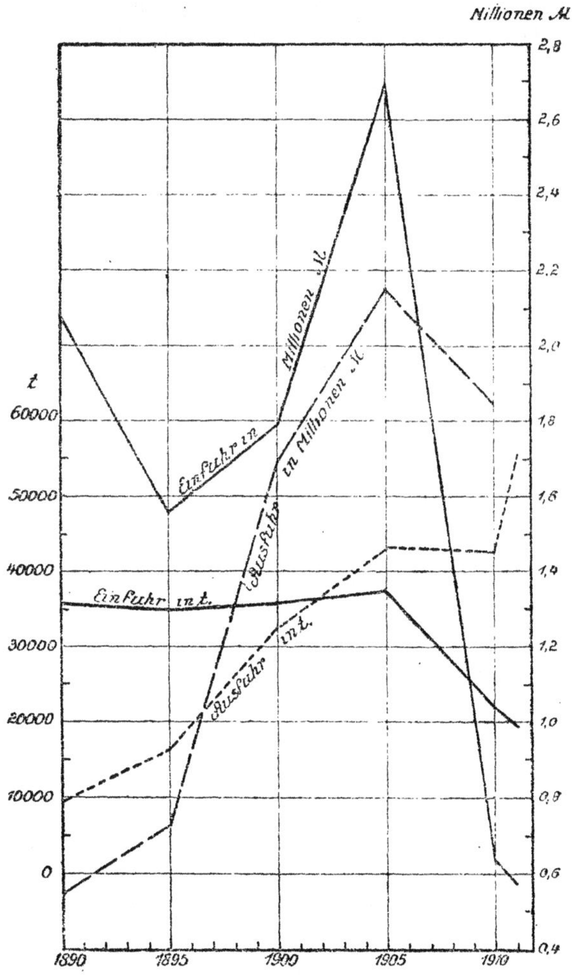

Abb. 3. Außenhandel in Steinkohlenteer.

ölfeuerung sind noch leichte Bedienbarkeit, große Anpassungsfähigkeit, Rauchlosigkeit und Erhöhung des Aktionsradius zu nennen, Vorteile, die allerdings der Marine in höherem Maße als dem Landtransportwesen zugute kommen.

Die allgemeine Verwendung des Rohteers für Feuerungen bedingt allerdings besondere Hilfseinrichtungen, die jedoch schon recht befriedigend arbeiten sollen. Da erst höhere Preise seine Gewinnung in Nebenproduktenanlagen lohnend machen, wird er in der allgemeinen Feuerungstechnik kein großes Absatzgebiet finden. Sein Heizwert schwankt zwischen 7000 und 9000 kcal, übertrifft also den unserer meisten Kohlen beträchtlich. Mit gut durchgebildeten Brennern könnte Rohteer an Orten von ähnlicher Lage wie Berlin zu Preisen von 20 bis 23 ℳ/t verarbeitet werden.

Gute Erfolge mit Teerölfeuerungen will man in amerikanischen Martinöfen erzielt haben. Sollten sich die hierauf gestützten Erwartungen auch bei uns erfüllen, so lassen sich auch höhere Preise durch die Veredelung der Baustoffe rechtfertigen. Der Unterschied zwischen den Teeren der Gasanstalten, die sie untrennbar von der Gaserzeugung gewinnen, und solchen aus Nebenproduktenanlagen wird jedoch bestehen bleiben. Rohteer aus letzteren kann nur dann als Brennstoff in wirtschaftlichen Wettbewerb treten, wenn seine Gewinnung sich durch die gleichzeitige Ammoniakausbeute rechtfertigt und zum Teil bezahlt macht.

Erwähnt sei noch der neuerdings steigende Verbrauch an Teer zum Straßenbau.

Ist also hiernach die Gestaltung der Teerpreise bei einer weiteren wesentlichen Steigerung der Erzeugung als unsicher anzusehen, so ist anderseits doch zu beachten, daß eine Reihe wichtiger Erfindungen aus dem früher fast wertlosen Abfallprodukt einen viel verlangten Ausgangstoff gemacht haben. Es ist zu erwarten, daß weitere Erfolge der noch jungen Kohlenforschung dem Teer neue Absatzgebiete erschließen werden.

b) Ammoniak.

Der Stickstoffgehalt der deutschen Steinkohlen liegt zwischen 0,7 und 1,5 vH des Rohkohlengewichtes. Das Ammoniak wird aus den Gasen entweder durch Auswaschen oder durch Absorption mittels Schwefelsäure gewonnen. Auch in dem Teerwasser finden sich merkliche Ammoniakmengen, deren meist leicht durchführbare Gewinnung sich in der Regel lohnt.

Durch Trocknen und Ausschleudern wird das schwefelsaure Ammoniak vom Wasser befreit, es kommt dann als 25prozentiges Salz in den Handel. Kleine Verunreinigungen durch Teerreste sollen seinen Absatz nicht erschweren, ein zuweilen unvermeidlicher kleiner Mindergehalt soll sich leicht verrechnen lassen [1]:

Die Verbesserung der Flächenausbeute führte zunächst zur Steigerung der Düngung mit Chilisalpeter, der in der Natur in großen Mengen vorkommt. Es ist jedoch anzunehmen, daß die chilenischen Lager bei gleichbleibender Ausnutzung in einem bis zwei Menschenaltern erschöpft sein werden. Dieser Umstand und die Forschungen Liebigs haben die Abneigung der Landwirte gegen die Verwendung des zuerst in Leuchtgasfabriken gewonnenen schwefelsauern Ammoniaks verhältnismäßig schnell überwunden.

Aus der großen Aufnahmefähigkeit des Bodens darf aber nicht der Schluß gezogen werden, daß ohne weiteres auch die gleiche Absatzmöglichkeit bestände, weil die Pflanze neben Stickstoffdünger gleichzeitig Kali und besonders Phosphorsäure verlangt und Stickstoffsalze nur bei gleichzeitigem Vorhandensein letzterer ausreichend zu verarbeiten vermag. Die deutsche Erzeugung hierfür geeigneter phosphorhaltiger Verbindungen (Thomasschlacken) ist aber beschränkt und entspricht bei weitem nicht dem durch die Steigerung unserer Stickstofferzeugung bedingten Bedarf. Der Kreis der Inlandwirtschaft ist somit leider nicht geschlossen, es ist vielmehr zu befürchten, daß die durch die nach dem Haberschen Ammoniakverfahren, dem Caro-Frankschen Kalkstickstoffverfahren und den verschiedenen Luftstickstoffverfahren arbeitenden Fabriken auf mehr als das Doppelte des Friedensbedarfes angestiegene Erzeugung der Gewinnung noch größerer Stickstoffmengen in Nebenproduktenanlagen außerordentlich hinderlich sein wird.

Das Bestreben, uns auch in bezug auf unsern Stickstoffbedarf vom Ausland unabhängig zu machen, schafft also für Ammoniak eine ähnliche Lage wie für Teer.

Welche Summen im Frieden für den Erwerb von Chilisalpeter ins Ausland gegangen sind, zeigen die folgende Zusammenstellung und Abb. 4.

Im Jahre 1912 betrug:	Chilisalpeter		Ammoniumsulfat	
	t	ℳ	t	ℳ
Einfuhr	812 898	178 838 000	23 098	6 352 000
Ausfuhr	27 431	5 810 000	57 268	14 057 000
Ueberschuß:				
an Einfuhr	785 000	173 000 000	—	—
an Ausfuhr	—	—	34 170	7 700 000

[1] Wolff, »Stahl und Eisen« 1914 Nr. 12 u. f.

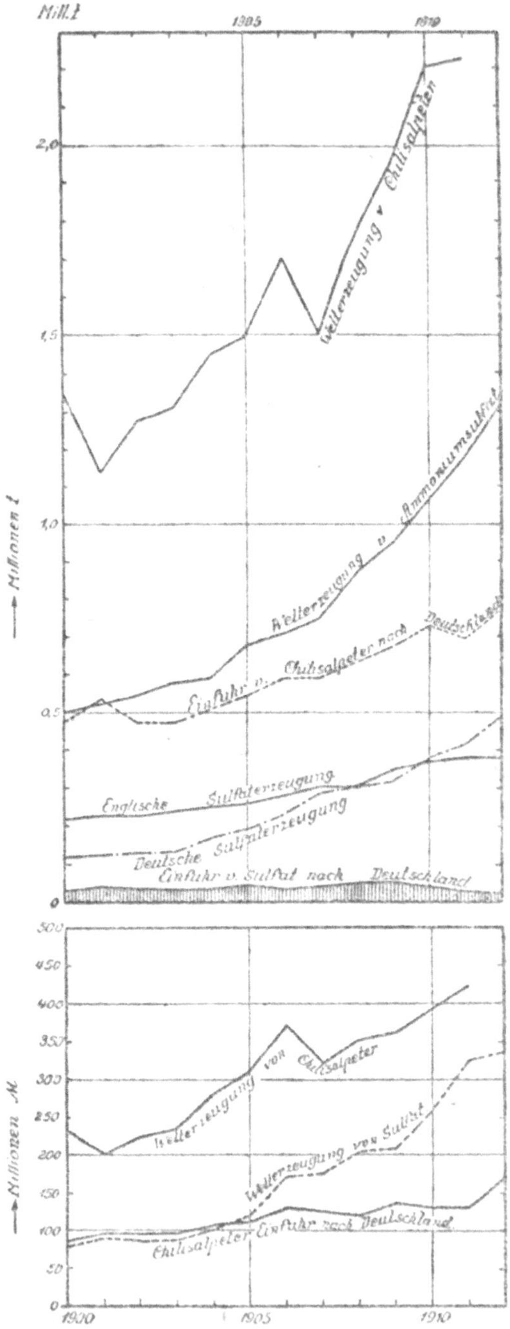

Abb. 4. Jährliche Erzeugung von Ammoniumsulfat und Chilisalpeter.

Unsere Einfuhr an Chilisalpeter und Ammoniumsulfat überwiegt somit mit 752 000 t und 165 Mill. *M*. Die deutsche und die Welterzeugung an Ammoniumsulfat sind in den letzten Jahren sehr gestiegen, Abb. 4. Während aber die englische Erzeugung die deutsche im Jahre 1900 noch bei weitem übertraf, haben sich die Verhältnisse inzwischen umgekehrt.

Seit dem Jahre 1910 ziehen die Preise für Ammoniumsulfat und Chilisalpeter dauernd an, Abb. 5.

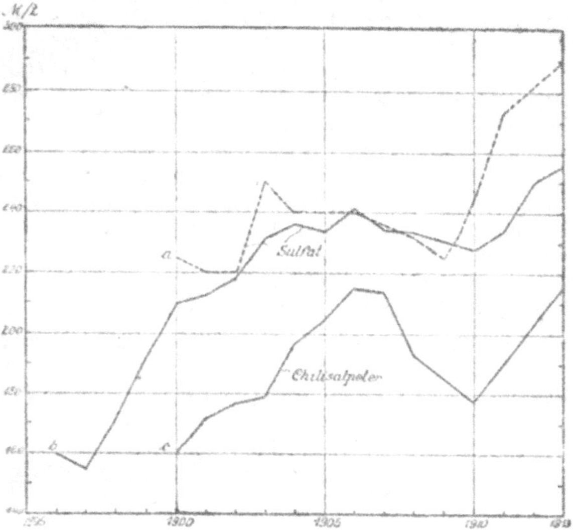

Kurve *a* und *c* nach »Stahl und Eisen« 1914 Nr. 12
Kurve *b* = Durchschnittspreise der deutschen Amm.-Verk.-Vereinigung

Abb. 5. Preis für 1 t Ammoniumsulfat und Chilisalpeter.

III. Verarbeitung der Kohle.

a) Entgasung.

Die ältesten Anlagen für Gewinnung der Nebenprodukte sind die Kokereien und die Gasanstalten. In beiden wird die Kohle unter Luftabschluß in Oefen oder Retorten erhitzt, wobei Koks zurückbleiben und die gasförmigen Bestandteile der Kohle, aus denen Teer und Ammoniak ausgeschieden werden, entweichen. Ein Teil des entstehenden Gases oder der Koks wird für den eigenen Wärmebedarf der Kokereien und der Gasanstalten verbraucht.

Die Kokereien arbeiten auf möglichst hohe Ausbeute an guten, festen Koks, die Haupterzeugnis sind. Die Gasanstalten dagegen sind bestrebt, möglichst viel kohlenstoffreiches Leuchtgas zu erzeugen, selbst unter Hinansetzung der Koksbeschaffenheit.

Kokereien brauchen eine feste, backende Kohle, die sogenannte Kokskohle, mit etwa 18 bis 25 vH flüchtiger Bestandteile. Gasanstalten verwenden Gaskohlen oder Flammkohlen mit 20 bis 40 vH flüchtiger Bestandteile und sind in der Wahl der Kohlensorten verhältnismäßig beschränkt.

Gaskoks ist dem Hüttenkoks nicht gleichwertig, sein Absatz ist zuweilen zu guten Preisen nicht möglich. Die Gaswerke verarbeiten deshalb einen Teil der Koksausbeute in eigenen Generatoren zu Wassergas, das in Mengen von 10 bis 30 vH dem eigentlichen Leuchtgas zugesetzt wird, nachdem es zuvor mit Benzol- oder Oeldampf karburiert worden ist. Die Vereinigung von Leuchtgasfabrik und Wassergasanlage hat sich auch deshalb als zweckmäßig erwiesen, weil plötzlich gesteigertem Gasbedarfe schneller gefolgt werden kann.

Die Ausbeute aus 100 kg Kohle unter günstigen Verhältnissen zeigt folgende Zusammenstellung:

		Kokerei	Gasanstalt[1]
Art der Entgasung		Kokerei	Gasanstalt[1]
Kohlensorte		Kokskohle	Gaskohle
Ausbeute aus 100 kg Kohle:			
Gas	cbm	30	30 bis 35
Koks	kg	72 bis 75	65 » 68
Teer	»	2,0 » 4,0	5
Ammoniumsulfat	»	0,8 » 1,2	1,0
Rohbenzol	»	0,8 » 1,2	1,0
Gaswasser	»	—	8

Die für den Verkauf verfügbaren Koks- bezw. Gasmengen sind wesentlich kleiner, als oben angegeben ist, weil ein Teil der Koks oder des Gases für die Beheizung der Retorten bezw. der Kammern verbraucht wird. Endlich kann die Koksausbeute in Kokereien je nach der Kohlensorte in weiten Grenzen schwanken.

Man kann annehmen, daß in Kokereien 10 bis 15 cbm Gas und in Gasanstalten 50 kg Koks auf 100 kg verarbeitete Kohle für den Verkauf frei werden.

Der Roherlös aus 1 t Kohle ist im Gaswerk etwa dreimal so groß wie in der Kokerei[2]).

Die Güte des Teeres hängt von der Höchsttemperatur,

---

[1]) Lunge-Köhler, Bd. I S. 109; Scheuer a. a. O.

[2]) »Stahl und Eisen« 1910 S. 1245.

der er ausgesetzt war, und von der Zeitdauer seiner Berührung mit der Kohlenschicht ab; sie wird daher durch die Bauart und die Betriebsweise der Oefen wesentlich beeinflußt. Allmähliche, gleichmäßige und nicht zu starke Erhitzung verbessern Güte und Ausbeute.

In höherer Temperatur zerfallen die Kohlenwasserstoffverbindungen unter Abspaltung von freiem Kohlenstoff in Form von Ruß und unter Zersetzung einiger der wertvollsten Teerbestandteile. Dadurch verliert der Teer für die Weiterverarbeitung auf Derivate und für Feuerungszwecke an Wert.

Bei der Entgasung in Kokereien und Gasanstalten verbleibt der größte Teil des Stickstoffes in den Koks und als elementarer Stickstoff im Gase und wird der Ammoniakgewinnung entzogen.

Bei der Verkokung ist der Stickstoff etwa folgendermaßen verteilt[1]):

Kohlensorte	westfälische	schlesische	böhmische	sächsische	Saar-
Gesamtstickstoff in der Kohle vH	1,50	1,37	1,36	1,20	1,06
von 100 Teilen Kohlenstickstoff gehen in den Koks verloren . . . . »	80	70	69	64	57

Die nutzbare Stickstoffausbeute beträgt in Gasanstalten:

Kohlensorte	Stickstoff im Ammoniak	Stickstoff im Cyan	Menge des nutzbaren Stickstoffes
westfälische . . .	11,5 bis 17,0 vH	2,3 bis 4,2 vH	13,8 bis 20,1 vH
schlesische . . .	11,1 » 20,4 »	1,6 » 3,0 »	13,1 » 23,2 »
englische	11,2 » 25,0 »	1,7 » 4,4 »	13,4 » 27,0 »

Kokereien und Gasanstalten haben somit beide quantitativ nur eine mangelhafte Ammoniakausbeute.

Die Entgasung wird ferner in der während des Krieges neu belebten Braunkohlenschwelerei ausgeübt; ihre Haupterzeugnisse sind Oele, die als Putzöle, Motoröle und zur Oelgasbereitung verwendet werden. Sie dienen außerdem zum Karburieren von Wassergas. Die Schwelerei hat an Bedeutung verloren, weil ihr wichtigstes Erzeugnis, das Paraffin, heute auf anderem, billigerem Wege (durch Vergasung der Braunkohle) gewonnen werden kann.

---

[1]) **Heckel**, »Stahl und Eisen« 1913 S. 402.

Der Gesamtumsatz der Braunkohlenteer-, Schieferteer- und Torfteerdestillationen sowie der Paraffinfabriken des Jahres 1912 ist nachstehend zusammengestellt[1]):

	Gewicht t	Preis ℳ
verarbeiteter Teer	80 083	4 145 000
Jahreserzeugung:		
Paraffinöle, Gasöle, Treiböle, Solaröle . . .	47 236	4 897 000
Rohparaffin	10 345	3 167 000
Kreosotöl, Pech, Teerkoks und sonstige Stoffe	8 998	293 000
Verarbeitung der Paraffinfabriken:		
Rohparaffin	9 766	2 974 000
zu Reinparaffin	7 217	3 508 000

b) Vergasung der Kohle.

Von dem in Kokereien, Gasanstalten und Schwelereien ausgeübten Entgasungsverfahren weicht das der Generatorenanlagen völlig ab, weil es die brennbare Substanz der Kohle gänzlich in gasförmige Bestandteile zerlegt bezw. überführt. Dabei werden die Koks zu Kohlenoxyd vergast.

Der erforderliche Sauerstoff wird entweder nur in der Luft oder nur im Wasserdampf oder zugleich in Luft und Wasserdampf zugebracht. Im ersten Falle verläuft der Prozeß exothermisch (unter Wärmeentwicklung), im zweiten endothermisch (unter Wärmebindung), im dritten tritt Gleichgewicht zwischen beiden Grenzzuständen ein, wobei aus praktischen Gründen der Generatorbetrieb im allgemeinen so geleitet wird, daß der exothermische Prozeß überwiegt. Bei dem sogenannten Luftgasprozeß wird die Luft durch die Eigenwärme der abziehenden heißen Generatorgase mit Wasserdampf gesättigt, falls ihr aus andern Ursachen, auf die später eingegangen wird, nicht noch unmittelbar Wasserdampf zugeführt wird. Infolge der Verdünnung durch den Luftstickstoff entsteht dann ein verhältnismäßig armes Gas.

Nach neueren Verfahren — hierzu gehört das sogenannte Trigasverfahren — wird die Kohle entweder in getrennten Vorrichtungen oder unmittelbar in demselben Generatorschacht entgast, darauf werden die noch heißen Koks ohne Wärmeverluste durch Einblasen von Wasserdampf vollends vergast. Die Warmblasperiode, bei der nur Luft zugeführt, und die Vergasungsperiode, bei der Wasserdampf eingeblasen wird, wechseln miteinander ab. Der Gehalt des Gases an Luft-

[1]) Nachrichten für Handel, Industrie und Landwirtschaft 1914 Nr. 58.

stickstoff wird heruntergedrückt, sein Heizwert erhöht (rd. 2600 bis 3200 kcal).

Die ungefähre Zusammensetzung verschiedener Gasarten zeigt die folgende Zusammenstellung[1]).

	Leuchtgas	Wassergas	Generatorengas aus		Mondgas[2])
			Braunkohlenbriketts	Steinkohle	
Wasserstoff H . . vH	49,0	50,0	12,5	10,5	25 bis 27
schwere Kohlenwasserstoffe C_nH_{2n} »	4,0	—	0,2	0,1	—
Methan CH_4 . . . »	34,0	—	2,5	1,5	3 bis 5
Kohlenoxyd CO . »	8,0	40,0	32,0	27,0	11 » 12
Kohlensäure CO_2 . »	1,0	4,0	3,5	3,5	14 » 16
Stickstoff N . . . »	4,0	6,0	49,3	57,4	41 » 46
Heizwert kcal/cbm .	5 200	2 600	1 500	1 250	1 350

Die früher hauptsächlich für Heizzwecke auf Hüttenwerken, in Glasfabriken usw. verwandten Generatoren waren einfach zu bedienen. Auf die Erzeugung guten Gases wurde wenig Wert gelegt, weil die Einbuße an Heizwert durch die Erhöhung der Eigenwärme ausgeglichen wurde. In metallurgischen Kreisen begegnet man sogar der Auffassung, daß eine hohe Temperatur der Generatorgase erwünscht sei[3]). Die Generatoren standen meist unmittelbar neben den zu beheizenden Oefen, die Fortleitung der heißen Gase machte deshalb wenig Schwierigkeiten.

Will man Generatorgase nach Entziehung der Nebenprodukte in Gasmaschinen oder unter Dampfkesseln verbrennen, so ändern sich die thermischen Verhältnisse vollständig.

Die fühlbare Wärme der Generatorgase ist jetzt nutzlos oder schädlich, weil die Gase vor ihrem Eintritt in die Gasmaschine auf Lufttemperatur abgekühlt werden müssen. Der Generator muß daher so betrieben werden, daß er ein Gas von hohem Heizwert aber tiefer Temperatur liefert. Außerdem dürfen mit Rücksicht auf hohe Nebenproduktenausbeute gewisse Temperaturen in der Kohlenschicht nicht überschritten werden.

Eine Temperatur von 700 bis rd. 850° C hat sich für die Teer- und Ammoniakbildung als günstigste herausgestellt.

[1]) Biedermann, Deutschlands Kohlenschätze S. 10.

[2]) Trenkler, ETZ 1914 S. 674.

[3]) »Stahl und Eisen« 1914 S. 1257.

Die Teerentwicklung beginnt bei rd. 350° C, sie erreicht ihr Höchstmaß bei 450 bis 500° C und ist bei etwa 600° C beendet[1]). Die günstigste Temperatur für die Ammoniakbildung liegt etwa zwischen 800 und 900° C; schon eine mäßige Ueberschreitung dieser Grenze führt zu einer Spaltung des Ammoniaks, dessen Bildung wiederum durch Zusatz von Wasserdampf, der es vor dem Zerfall schützt, begünstigt wird. Schütthöhe und Betriebsführung des Generators sind an bestimmte Regeln gebunden; so müssen z. B. die Gase der Einwirkung der Hitze möglichst schnell entzogen und abgekühlt werden, um den Zerfall der Nebenprodukte zu verhindern.

c) Bauart der Generatoren.

Nach der Art der Brennstoffzufuhr kann man die Generatoren einteilen

1) in Generatoren, die den Brennstoff, so wie er angeliefert wird, vergasen, und
2) in Generatoren, bei denen der Brennstoff in pulverförmiger Form und mit Luft gemischt eingeblasen wird.

Die letztere Bauart entstand aus dem Wunsch, aschenreiche und staubförmige Brennstoffe mit hoher Durchsatzleistung zu verarbeiten; sie hat zurzeit noch keine größere Verbreitung erlangt und kann aus unsern Betrachtungen ausscheiden.

Der Konstrukteur muß folgende Forderungen berücksichtigen:

1) kleine spezifische Anlagekosten: Steigerung der Durchsatzleistung;
2) kleine Betriebskosten: maschineller Ersatz der menschlichen Arbeit, widerstandsfähige Bauart;
3) hoher thermischer Wirkungsgrad;
4) vollkommenste Gewinnung der Nebenprodukte;
5) Erzielung guten, gleichmäßigen Gases;
6) einfache Aschenabfuhr und Vermeidung von Verstopfungen durch Schlackenbildung.

Nach der Art der Aschenabfuhr und der Zuführung der Verbrennungsluft wird unterschieden zwischen:

1) Generatoren ohne Rost (Heller);
2) Generatoren mit ausfahrbarem Rost (Blezinger);
3) Generatoren mit Drehrost (Hilger, Kerpely);
4) Abstichgeneratoren, bei denen die Asche in geschmolzenem Zustand abgezogen wird.

---

[1]) »Stahl und Eisen« 1915 S. 1122.

Im einzelnen gibt es wieder zahlreiche Lösungen je nach der konstruktiven Gestaltung des Rostkörpers, des Rostantriebes, des Abschlusses des Rostes gegen die Außenluft (mit und ohne Wasser), der Luftzufuhr, der Art der Kohlenbeschickung und der besonderen Vorrichtungen, die ein gleichmäßiges Durchschüren der Brennstoffsäule bewirken sollen.

Vielfach hat man den Generatorschacht ganz oder teilweise als Kühlmantel (Dampfkessel) ausgebildet, um die Eigenwärme des Gases tunlichst auszunutzen, den nötigen Dampf auf einfache Weise herzustellen und das Bilden von Schlackenbrücken und Schlackenansätzen zu verhindern.

Von grundlegender Bedeutung für alle Generatoren ist die gute Durchschürung des Brennstoffbettes, die gleichmäßige Verteilung der aufgeworfenen Kohle und des eingeblasenen Windes über den Generatorquerschnitt und die Verhütung von Schlackenversetzungen.

Das Arbeiten des Generators hängt sehr von der einem Brennstoff eigentümlichen Schlackenbildung und von seiner Korngröße ab, weil diese für den erforderlichen Winddruck, für den Durchsatz und schließlich für den erreichbaren Wirkungsgrad maßgeblich sind.

In Deutschland haben zurzeit Drehrostgeneratoren mit Wasserverschluß und selbsttätiger Aschenaustragung die größte Verbreitung erlangt.

d) Wirkungsgrad und Leistung von Generatoren.

Marktgängige Generatoren werden bis zu einem Schachtdurchmesser von etwa 3 m ausgeführt. Man will jedoch neuerdings weit über dieses Maß hinaus (bis zu 10 m) gehen, um dadurch die Kosten und die Vielgliedrigkeit der Anlage herabzusetzen. Je größer der Durchmesser, desto schwieriger wird allerdings die gleichmäßige Verteilung des Brennstoffes und der Luft über den ganzen Querschnitt. Die Gefahr einseitigen Durchbrennens wächst, die technische Beherrschung der großen glühenden Kohlenmengen erregt Bedenken.

Für Schachtdurchmesser von 2000 bis 3000 mm werden als stündlicher Durchsatz für 1 qm Schachtquerschnitt etwa folgende Zahlen genannt:

Kohle mit 50 vH Staub unter 10 mm:	
Kleinkohle, backende Kohle	90 bis 110 kg/qm
gewaschene Nußkohle	140 »
böhmische Braunkohle	170 » 200 »
deutsche Braunkohlenbriketts	200 » 230 »

Der tägliche Durchsatz eines Generators von 3 m Schachtdurchmesser beträgt demnach 17 bis 40 t. Nimmt man den mittleren Heizwert von Steinkohle zu rd. 6800 kcal, den deutscher Braunkohlenbriketts zu rd. 4800 kcal und den gesamten Wärmeverbrauch eines Dampfturbinenkraftwerks einschl. Generatorenverluste bei Vollast zu rd. 7800 kcal/kW·st an, so erzeugt ein Generator (Verbrennung unter Dampfkesseln) etwa 650 bis 1030 kW, während ein neuzeitlicher Dampfkessel Dampf für etwa 3000 bis 5000 kW liefert.

Dieser Vergleich zeigt einen der schwerstwiegenden Mängel der Energieerzeugung im Großen: die verhältnismäßig kleine Leistungsfähigkeit einer Einheit. Hohe Anlagekosten, Vielgliedrigkeit, große räumliche Ausdehnung und Unübersichtlichkeit der Anlage müssen in den Kauf genommen werden; dadurch wachsen wieder die Kosten der Gebäude, Rohrleitungen, Bekohlungs- und Entaschungsanlagen, auch die Bedienungskosten werden unverhältnismäßig hoch.

Zurzeit scheinen die einfache, gleichmäßige und zuverlässige Bekohlung von Generatoren und die Bewältigung der Stocharbeit (besonders für Kohlen, die sich schlecht verteilen) noch recht beträchtliche Schwierigkeiten zu bereiten, die um so weniger unterschätzt werden dürfen, als eine der Hauptforderungen jedes Großbetriebes nicht erfüllt wird, nämlich der weitgehende Ersatz menschlicher Arbeit durch Maschinenkraft und die tunlichste Unabhängigkeit von der Ausbildung der Arbeiter. Aufmerksamkeit und Erfahrung der an den Generatoren beschäftigten Leute sind aber besonders im Falle wechselnder Beschaffenheit des Brennstoffes und ungleichmäßiger Belastung zurzeit noch unerläßliche Voraussetzung eines einigermaßen geordneten Betriebes.

Für die Beurteilung der Wärmewirtschaft spielt die Menge des (für die Ammoniakgewinnung) erforderlichen Zusatzdampfes eine große Rolle.

Der Wirkungsgrad eines Generators wird in der Literatur durch die verschiedenartigsten Formeln ausgedrückt, die einheitliche Begriffsbestimmung fehlt noch. Um Unklarheiten zu beseitigen, habe ich ihn auf Grund folgender Ueberlegungen definiert:

Es bezeichne:

B das stündlich verarbeitete Kohlengewicht in kg,
H_B den Heizwert von 1 kg Kohle in kcal,
G die stündlich erzeugte Gasmenge in cbm (0°, 760 mm),
H_G den Heizwert von 1 cbm Gas (0°, 760 mm) in kcal,
T das stündlich gewonnene Teergewicht in kg,
H_T den Heizwert von 1 kg Teer in kcal,

D die stündlich vom Generator erzeugte, für fremde Zwecke verfügbare Dampfmenge in kg,

i_D die Erzeugungswärme von 1 kg der vom Generator erzeugten Dampfmenge in kcal,

Z die stündlich von einer fremden Dampfquelle gelieferte Zusatzdampfmenge in kg,

i_Z die Erzeugungswärme von 1 kg Zusatzdampf in kcal

η_Z den Wirkungsgrad des Dampferzeugers für den Zusatzdampf.

Der Heizwert des Teers soll im Mittel zu 8000 kcal/kg, der Wirkungsgrad der Anlage für die Erzeugung des Zusatzdampfes zu 75 vH und die Erzeugungswärme des Zusatzdampfes, soweit nicht ausdrücklich eine andre Angabe gemacht ist, zu 600 kcal/kg angenommen werden.

Dann ist der thermische Wirkungsgrad des Generators

$$\eta_{\text{therm}} = \frac{G H_G + T H_T + D i_D}{B H_B + \dfrac{Z i_G}{\eta_Z}}.$$

Er gibt an, wieviel von der dem Generator zugeführten Wärmemenge im Gas, im Teer und etwa im Dampf nutzbar wiedergewonnen wird.

Der Heizwert des gewonnenen Teers ist für die Energieerzeugung der eigenen Anlage verloren. Will man eine einfache und übersichtliche Beziehung zwischen der für die Erzeugung einer bestimmten Arbeitsmenge nötigen Gasmenge und dem hierfür erforderlichen Kohlengewicht feststellen, so empfiehlt es sich, neben obiger Formel für den thermischen Wirkungsgrad einen neuen Begriff festzulegen, der lediglich eine Rechnungsgröße ist und mit Vergasungswirkungsgrad (η_{verg}) bezeichnet werden möge:

$$\eta_{\text{verg}} = \frac{G H_G}{B H_B}.$$

Dieser Wert gibt nicht ohne weiteres ein Bild von der Wärmeumsetzung im Generator, er soll lediglich zur schnellen Ermittlung der für die Erzeugung einer bestimmten Gasmenge erforderlichen Kohlenmenge benutzt werden. Das für den Zusatzdampf nötige Kohlengewicht wird besser für sich bestimmt, weil es von der Art der Kohle abhängt und auch sonstigen Einflüssen unterliegt.

Um möglichst brauchbare Rechnungsgrundlagen zu erhalten, sollen zunächst der thermische Wirkungsgrad, der Vergasungswirkungsgrad und einige andre wissenswerte Größen aus der einschlägigen Literatur ermittelt und kritisch beleuchtet werden.

Mondgasanlage in Komotau[1]).

Brennstoff	böhmische Braunkohle
Heizwert	2900 bis 3100 kcal
Gehalt der Rohkohle an Wasser	32,2 vH
» » » » Stickstoff	0,603 »
Versuchsdauer	31 Tage
Generatoren im Betrieb	9
gesamte tägliche Durchsatzmenge	192,8 t
täglicher Durchsatz eines Generators	21,4 »
tägliche Zusatzdampfmenge	117,4 »

Rechnungsergebnisse:

täglich erzeugte nutzbare Gasmenge	255 750 cbm
Heizwert des erzeugten Gases	1450 kcal/cbm
tägliche Teerausbeute	18,51 t

thermischer Wirkungsgrad der Generatorenanlage:

$$\eta_{therm} = \frac{255\,750 \cdot 1450 + 18\,510 \cdot 8000}{192\,800 \cdot 3000 + \frac{600}{0.75} \cdot 117\,400} \cdot 100 = 77{,}0 \text{ vH}$$

Vergasungswirkungsgrad:

$$\eta_{verg} = \frac{255\,750 \cdot 1450}{192\,800 \cdot 3000} \cdot 100 = 64{,}3 \text{ vH}$$

Auf 1 kg vergaste Rohkohle beträgt die

Zusatzdampfmenge	0,61 kg
Gasausbeute	1,33 cbm
Teerausbeute	96 g
Salzausbeute	19,6 »
vom Kohlenstickstoff wurden im Salz gewonnen	68,3 vH

Auf Trockenkohle umgerechnet, gibt Trenkler einen Zusatzdampfverbrauch an für

1 kg Braunkohle von 0,9 bis 1,7 kg
1 » Steinkohle » 1,7 » 2,5 »

Die im Ammoniak bei reichlichem Dampfzusatz und entsprechender Betriebsführung gewinnbare Stickstoffmenge soll bei Mondgasanlagen 65 bis 75 vH des Gesamtstickstoffes ausmachen. Angesichts der guten Stickstoffausbeute von 68,3 vH während der Komotauer Versuche müßte man darnach mit der niedrigst zulässigen Zusatzdampfmenge von 0,61 kg Dampf auf 1 kg Rohkohle, entsprechend rd. 0,9 kg bezogen auf Trockenkohle, ausgekommen sein.

Weitere Versuchsergebnisse von Trenkler an Mondgasanlagen enthält die folgende Zusammenstellung[2]).

[1]) Trenkler, »Stahl und Eisen« 1913 S. 1730.
[2]) ETZ 1914 S. 672.

Ergebnisse von Versuchen an Mondgasanlagen.

Brennstoff		Torf	Braunkohle	westfälischer Anthrazit	ober-schlesische Steinkohle	Abfallsteinkohle
Gehalt der Rohkohle an Wasser .	vH	48,50	33,28	3,00	6,86	11,10
Asche	»	1,21	19,70	9,32	12,38	21,53
Stickstoff	»	0,80	0,58	1,48	1,26	0,94
Heizwert der Rohkohle . . .	kcal/kg	2790	2720	7710	6345	5900
Gasausbeute auf 1 kg Rohkohle:						
berechnet	cbm	1,41	1,32	4,34	3,39	3,11
gemessen	»	1,69	1,72	4,96	—	3,99
Heizwert des Gases	kcal/cbm	1265	1445	1320	1300	1333
Zusatzdampf auf 1 kg Rohkohle .	kg	0,33	0,585	2,40	2,02	1,675
thermischer Wirkungsgrad der Generatorenanlage .	vH	72,1 bis 61,8	94,0 bis 75,8	—	60,0	78,5 bis 62,2
Vergasungswirkungsgrad der Generatorenanlage .	»	76,6 » 64,0	91,5 » 70,1	85,0 bis 74,3	69,5	90,0 » 70,3
Ausbeute auf 1 kg Rohkohle:						
wasserfreier Teer	g	44,2	63,2	—	48,0	44,5
Ammoniumsulfat	»	24,0	19,7	45,2	40,1	28,7
vom Kohlenstickstoff werden im Salz gewonnen . .	vH	63,8	72,1	64,9	67,6	64,8

Die berechnete und die gemessene Gasausbeute weichen um Beträge bis zu 26 vH voneinander ab, obendrein fehlt eine Reihe der für die Beurteilung der Versuchsergebnisse wünschenswerten Angaben. Den Versuchsergebnissen kann deshalb nur ein bedingter Wert beigemessen werden. Die nutzbare Stickstoffausbeute schwankt wieder zwischen 64 und 72 vH des Kohlenstickstoffes, die Teerausbeute liegt zwischen 44 und 63 g/kg, der Zusatzdampf zwischen 0,6 und 2,4 kg, auf 1 kg Rohkohle bezogen.

An einem Generator von Pintsch wurden im Jahre 1911 folgende Werte erzielt[1]):

Heizwert der Braunkohle	4633 kcal/kg
Stickstoffgehalt der Braunkohle	0,85 vH
auf 1 kg vergasten Brennstoff wurden gewonnen:	
Gas	2,25 cbm
Teer	59 g
Ammoniak	6,74 »
Heizwert des Gases	1414 kcal/cbm
» » Teers	7935 kcal/kg
Zusatzdampfmenge auf 1 kg Braunkohle	0,31 kg
thermischer Wirkungsgrad der Vergasungsanlage	74,8 vH
Vergasungswirkungsgrad » »	68,0 »
vom Kohlenstickstoff wurden nutzbar gewonnen .	65,5 »

Versuche von Bone und Wheeler an einer Mondgasanlage[2]) zeigen den starken Einfluß des Dampfzusatzes auf die Sulfatausbeute:

Heizwert der Kohle	7405	7405	7405	7405	7405	kcal/kg
Zusatzdampf auf 1 kg Kohle . .	0,45	0,55	0,80	1,10	1,55	kg
Heizwert des erzeugten Gases .	1557	1547	1469	1416	1382	kcal/cbm
auf 1 kg Kohle betrug die Gesamtausbeute . . .	3,81	3,70	3,90	4,01	4,07	cbm
Ammoniumsulfatausbeute . . .	17,7[3])	11,0	22,9	29,2	32,1	g
Vergasungswirkungsgrad des Generators . .	80,0	77,1	77,3	76,6	75,9	vH

Im praktischen Betriebe von Mondgasanlagen wird, wie wir gesehen haben, eine erheblich größere Zusatzdampfmenge als die höchste der in dieser Zusammenstellung an-

[1]) Gwodz, »Glückauf« 1915 S. 146.

[2]) Wolff, a. a. O.

[3]) Statt 17,7 muß es wohl richtig 7,7 heißen.

gegebenen eingeblasen; man darf daraus schließen, daß bei diesen Versuchen besonders gut geschultes Personal verwandt wurde.

Wegen des Einflusses der Zusatzdampfmenge auf die Wirtschaftlichkeit ist man bemüht, einen möglichst großen Teil des Zusatzdampfes mit der Eigenwärme der Generatorgase zu erzeugen. Hierauf und auf die gedrängte und handliche Gestaltung der Generator- und Nebenproduktenanlage sind neuzeitliche Bestrebungen in erster Linie gerichtet. Die Oberflächenverluste der Apparate und Rohrleitungen sowie die Anlagekosten müssen tunlichst herabgesetzt werden[1]).

IV. Vergleichende Wirtschaftlichkeitsberechnung.

a) Generatoren- und Nebenproduktenanlage.

Leider finden sich in der Literatur nur unvollständige und dazu häufig unzuverlässige Angaben über Betriebsergebnisse vollständiger Anlagen. Man wird daher, um sicher zu gehen, vorsichtig rechnen müssen.

Das wirtschaftliche Ergebnis hängt besonders von folgenden Werten ab:

1) Preis und Heizwert des Brennstoffes,
2) Ausbeute und Preis der gewonnenen Nebenprodukte,
3) Ausnutzungsfaktor des zugehörigen Kraftwerkes,
4) Art der Kraftmaschinen (Dampfturbine oder Gasmaschine).

Aus den vorstehenden Untersuchungen ergibt sich folgendes: Es ist nicht möglich, die zukünftige Marktlage der Nebenprodukte auch nur annähernd zu übersehen; gegenüber früheren Friedenspreisen wird sie nach dem Kriege voraussichtlich eher fallende als steigende Bewegung zeigen. Damit verliert die Wirtschaftlichkeitsrechnung zunächst ihr Fundament. Sollen trotzdem allgemein gültige Schlüsse über den wirtschaftlichen Wert für Kraftwerke erlangt werden, so bleibt nur ein Ausweg: die Rechnung muß für eine Reihe von angenommenen Preisen durchgeführt werden, deren höchster und tiefster die zukünftige Preisgestaltung in sich schließen. Beide Werte, die Kohlenpreise und die Preise der Nebenprodukte, müssen variiert werden.

Diese viel umständlichere Arbeit lohnt aber die aufgewandte Mühe, weil die Rechnungen dann allgemeine Bedeutung erlangen. Die wirtschaftlichen Ergebnisse des tatsächlichen praktischen Falles lassen sich ohne weiteres durch Interpolation ermitteln.

---

[1]) Wolff, a. a. O.

Den nachstehenden Rechnungen sind demgemäß unter Annahme eines Heizwertes der Kohle von 7000 kcal/kg Kohlenpreise von 7,0 ℳ/t, 10,5 ℳ/t, 14,0 ℳ/t, 17,5 ℳ/t, 21,0 ℳ/t, 24,5 ℳ/t und 28,0 ℳ/t zugrunde gelegt, entsprechend einer Steigerung des Wärmepreises von 1 ₰ auf 4 ₰/10 000 kcal.

Von wesentlichem Einfluß auf das Ergebnis ist die Größe des Kraftwerkes. Da es aber zweifellos feststeht, daß sich die Ausnutzung der Nebenprodukte in größeren Kraftwerken leichter lohnend gestalten läßt als in kleineren, genügt für die Zwecke dieser Arbeit die Durchführung der Rechnungen für ein sehr großes Kraftwerk (Spitzenleistung 100 000 kW). Es ist dann rückwärts der Schluß zulässig, daß die Wirtschaftlichkeitsgrenze für kleinere Kraftwerke unter sonst gleichen Verhältnissen bereits früher erreicht wird. Der Vergleich braucht dann nur noch für folgende Fälle durchgeführt zu werden:

A) Dampfturbinenkraftwerk mit kohlengefeuerten Kesseln,
B) Dampfturbinenkraftwerk mit gasgefeuerten Kesseln und Nebenproduktenanlage,
C) Gasmaschinenkraftwerk mit Nebenproduktenanlage.

Für diese Kraftwerke ist die wirtschaftliche Charakteristik[1]), d. h. die Abhängigkeit der gesamten Erzeugungskosten der elektrischen Arbeit von den verschiedenen Belastungsstufen, zu ermitteln; zu verändern ist somit der Belastungsfaktor oder die mittlere Belastung.

Es bleibt schließlich noch die Veränderung des Erträgnisses der Nebenprodukte zu berücksichtigen. Da es zunächst gleichgültig ist, wie sich deren Erlös auf Sulfat und Teer verteilt und wie sich der Verkaufspreis aus der erzeugten Menge und dem Einzelpreis ergibt, genügt die Durchrechnung folgender drei Fälle, wenn der Gesamterlös auf die Tonne durchgesetzter Kohle bezogen wird:

Fall I: 6,44 ℳ/t (mäßige Ausbeute, schlechte Preise)
» II: 12,00 » (gute Ausbeute, gute Preise)
» III: 17,56 » (gute Ausbeute, sehr hohe Preise).

Ueber diese Annahmen ist noch folgendes zu sagen:

Ein Stickstoffgehalt von 1,5 vH, bezogen auf Rohkohle, ist für deutsche Steinkohlen als hoch anzusehen. Rechnet man mit einer Ausbeute von 68 vH des Kohlenstickstoffes, so würde man auf 1 t Kohle 48 kg Sulfat gewinnen, entsprechend einer Ausbeute von 32 kg Sulfat bei einem Stickstoffgehalt von 1 vH, der ungefähr als Mittelwert für deutsche Steinkohlen angenommen werden kann. Auf 1 t Sulfat

[1]) Vergl. Klingenberg, Bau großer Elektrizitätswerke Bd. I S. 100.

braucht man rd. 1 t Schwefelsäure, die im Frieden etwa 30 *M* gekostet hat. Die mittlere Teerausbeute beträgt ungefähr 50 kg/t. Damit ergeben sich folgende Verhältnisse für 1 t vergaste Kohle:

Fall I. Mäßige Ausbeute, schlechte Preise:

Sulfat 0,032·(200—30) *M*. .	5,44 *M*	84,5 vH
Teer 0,050·20 *M* = . . .	1,00 »	15,5 »
	zus. 6,44 *M*	100,0 vH

Fall II. Gute Ausbeute, gute Preise:

Sulfat 0,048·(250—30) *M*. .	10,50 *M*	87,5 vH
Teer 0,050·30 *M* = . . .	1,50 »	12,5 »
	zus. 12,00 *M*	100,0 vH

Fall III. Gute Ausbeute, sehr hohe Preise:

Sulfat 0,048·(354—30) *M*. .	15,56 *M*	88,6 vH
Teer 0,050·40 *M* = . . .	2,0 »	11,4 »
	zus. 17,56 *M*	100,0 vH

Der Vergasungswirkungsgrad wurde für Vollast zu 70 vH, der Leerlaufverbrauch der Generatoren zu 12 vH ihres Vollastverbrauches angenommen. Auf 1 kg Kohle werden 2,2 kg Zusatzdampf nötig, von denen 0,8 kg durch die Eigenwärme der Generatorgase gedeckt werden mögen. In Dampfturbinenkraftwerken müssen demnach 1,4 kg Zusatzdampf mit einer besondern Kesselanlage erzeugt werden, in Gasmaschinenanlagen nur rd. 0,4 kg, da durch die Wärme der Abgase rd. 1 kg Dampf auf 1 kg Kohle gewonnen wird. Die Erzeugungswärme des Zusatzdampfes beträgt 620 kcal/kg, der Wirkungsgrad der Dampferzeugungsanlage samt Rohrleitung usw. 75 vH.

b) Kraftmaschinenanlage.

Neuzeitliche Fortschritte der konstruktiven Durchbildung der Dampfturbinen erlauben die Anwendung verhältnismäßig hoher Umdrehungszahlen und eine fast unbegrenzte Steigerung der Leistung. Dampfturbinen von 20 bis 25000 kW sind heute keine Seltenheit mehr, solche von 50000 kW befinden sich im Bau.

Für Gasmaschinen liegt die äußerste Grenzleistung mit 5 bis 6000 kW zurzeit wesentlich niedriger. Derartige Maschinen haben bereits vier Zylinder in Doppel-Tandemanordnung mit einem als Schwungrad ausgebildeten Generator zwischen beiden Zylinderpaaren. Versuche, die Leistung durch Erhöhung der Zylinderzahl zu steigern, müssen als Notbehelf bezeichnet werden, eine Weiterentwicklung des Gasmaschinenbaues in dieser Richtung ist kaum zu erwarten.

Aussicht auf Erfolg hat dagegen die Anwendung der Auflade- und Ausspülverfahren. Es soll damit eine Leistungssteigerung bis zu 40 vH bei gleichzeitiger Verbesserung des Gasverbrauches erreicht werden [1]); immerhin dürfte eine Leistungserhöhung der Gasmaschine auf mehr als 8000 bis 10 000 kW mit den heute bekannten Mitteln in absehbarer Zeit nicht erzielbar sein. Als Nachteile der Gasmaschinen werden außer größeren Anlagekosten infolge der verhältnismäßig kleinen Einzelleistung Empfindlichkeit gegen Schwankungen in der Gaszusammensetzung, starke Abhängigkeit von der Sorgsamkeit der Bedienung, kleine Ueberlastbarkeit, geringe Uebersichtlichkeit des Betriebes, große Ausbesserungs- und Schmierkosten, besonders aber der Einfluß der großen freien Kräfte, der sich u. a. in hoher Beanspruchung der Fundamente äußert, genannt [2]).

Der Vollast-Wärmeverbrauch wird zu 3180 bis 3800 kcal/kW-st angegeben. Nach den in der Literatur genannten Werten für Teillasten und unter der Annahme eines mit der Belastung linear abnehmenden Gasverbrauches ergibt sich bei Leerlauf ein Gasverbrauch von 39 bis 47 vH des Vollastverbrauches [3]).

Der Wärmeverbrauch neuzeitlicher Dampfturbinen großer Leistung bei Vollast kann bei Rückgewinnung des warmen Kondensates mit 3800 bis 4200 kcal/kW-st angesetzt werden. Um den entsprechenden Wärmeverbrauch für Gasfeuerung zu erhalten, müssen diese Werte noch durch den Kesselwirkungsgrad dividiert werden, der bei neuzeitlichen Dampfkesselanlagen mit richtig bemessenen und angeordneten Brennern und bei Verwendung selbsttätiger Gasdruckregler 80 bis 83 vH beträgt. Werte von 55 bis 65 vH, wie sie in der Literatur noch hin und wieder angegeben werden [4]), sind auf sehr minderwertige Gasfeuerungen und schlecht gebaute Kesselanlagen zurückzuführen und längst überholt [5]).

Den weiteren Berechnungen liegen folgende Werte zugrunde:

---

[1]) Nolte, »Stahl und Eisen« 1913 S. 1301. — Gercke, ebenda 1913 S. 972.

[2]) Stauber, »Stahl und Eisen« 1913 S. 1345, 1392, 1394.

[3]) Gercke, »Stahl und Eisen« 1913 S. 1020; Nolte, ebenda 1913 S. 1306; Stauber, ebenda 1913 S. 1347; Hoff, ebenda 1913 S. 1392; Ortmann, ebenda 1913 S. 1397. — Güldner, Verbrennungskraftmaschinen. 3. Aufl.

[4]) Gercke, a. a. O.

[5]) Bütow und Dobbelstein, »Glückauf« 1914 Nr. 26; dieselben, ebenda 1912 Nr. 26; Arnold, »Stahl und Eisen« 1916 Nr. 5 u. f.; Glenck, ebenda 1913 Nr. 19; Ortmann, ebenda 1913 S. 1397; Schröder, Journ. f. Gasb. 1916 S. 639.

		Dampfturbine mit		Gasmaschine
		kohlengefeuerten Kesseln	gasgefeuerten Kesseln	
Wärmeverbrauch der Maschine allein bei Vollast	kcal/kW-st	3960	3960	3250
Zuschlag für Hilfsbetriebe usw.	vH	10	10	10
Wärmeverbrauch der Maschine samt Hilfsbetrieben bei Vollast	kcal/kW-st	4360	4360	3570
Leerlaufverbrauch der Maschine in vH des Vollastverbrauches	vH	13	13	45
Kesselwirkungsgrad bei Vollast	»	79	81	—
Leerlaufverbrauch eines Kessels in vH des Vollastverbrauches	»	10	8	—
Wärmeverlust der Rohrleitungen in vH des Vollastverbrauches	»	1	1	—
Wirkungsgrad der Gasgeneratoren bei Vollast	»	—	70	70
Leerlaufverbrauch der Gasgeneratoren in vH des Vollastverbrauches	»	—	12	12
Zusatzdampf aus besonderem Dampfkessel auf 1 kg Kohle	kg	—	1,4	0,4
Wirkungsgrad der Zusatzdampferzeugung	vH	—	75	75
Erzeugungswärme des Zusatzdampfes	kcal/kg	—	620	620
Spitzenleistung des Kraftwerkes	kW	100 000	100 000	100 000
ausgebaute Leistung des Kraftwerkes	»	125 000	125 000	135 000
Anzahl der Maschinen		6	6	22
Leistung einer Maschine	»	20 800	20 800	6 100

Mit diesen Werten wird der Vollast-Wärmeverbrauch (ohne die Verluste in den Gasgeneratoren) für

Dampfturbinen = 5450 kcal/kW-st
Gasmaschinen = 3570 »

Daß der Wärmeverbrauch für die Turbine nicht zu günstig angesetzt ist, geht aus Betriebsmessungen großer Elektrizitätswerke hervor, deren Turbinen die neuesten Verbesserungen noch nicht aufweisen [1]). Der Vollast-Wärmeverbrauch von Gasmaschinen in Hüttenwerken, die in der Regel mit günstiger Belastung laufen, wird mit 3700 bis 4500 kcal/kW-st angegeben [2]).

In drei Gasmaschinenkraftwerken, deren Betriebsergebnisse mir zugänglich waren, liegen die Werte zwischen 3750 und 4600 kcal/kW-st. Die für den Wärmeverbrauch von Gasmaschinen und Dampfturbinen ermittelten Zahlen stimmen also mit den tatsächlichen Verhältnissen gut überein und sind eher zuungunsten der Dampfturbinen festgesetzt.

Trotz der beträchtlichen wärmetechnischen Ueberlegenheit ist die Neigung großer Werke, vom Gasmaschinenbetrieb zum Dampfturbinenbetrieb überzugehen, nicht zu verkennen [3]); die vorerwähnten mittelbaren Vorteile der Turbinen werden eben von den Betriebsleitern so hoch eingeschätzt, daß sie dafür selbst den wesentlich schlechteren Vollast-Wärmeverbrauch glauben in den Kauf nehmen zu sollen. Dieser Standpunkt wird auch von den Leitern öffentlicher Elektrizitätswerke, angesichts des höheren Wertes der Betriebsicherheit, gewürdigt werden müssen [4]).

Um die Ermittlung des Wärmeverbrauches für Teillasten auf eine tunlichst sichere Grundlage zu stellen, wurden die weiteren Berechnungen auf Grund des von mir an anderer Stelle angegebenen und für den vorliegenden Zweck erweiterten Verfahrens durchgeführt [5]). Es beruht auf der mit guter Annäherung zutreffenden Annahme, daß die Zunahme des Wärmeverbrauches von Kraftmaschinen proportional der Belastung steigt, und erlaubt eine genauere Bestimmung des Wärmeverbrauches als das sonst übliche, ziemlich willkürliche Schätzungsverfahren auf Grund von Teillastversuchen.

---

[1]) Guilleaume, a. a. O.

[2]) Hoff, »Stahl und Eisen« 1913 S. 1392; Ortmann, ebenda 1913 S. 1398; Peucker, ebenda 1913 S. 2110.

[3]) Ortmann, ebenda 1913 S. 1397.

[4]) Münzinger, Z. 1916 S. 936 u. f.

[5]) Klingenberg, Bau großer Elektrizitätswerke, Bd. I; derselbe, Elektrische Großwirtschaft unter staatlicher Mitwirkung, ETZ 1916.

Es bedeute, Abb. 6,

1) n den Ausnutzungsfaktor des Werkes:

$$n = \frac{\text{mittlere jährliche Nutzleistung des Werkes in kW}}{\text{ausgebaute Gesamtleistung des Werkes in kW}},$$

2) f den Betriebszeitfaktor des Werkes:

$$f = \frac{\text{Gesamtbetriebszeit aller Maschinen in st}}{\text{höchstmögliche Betriebszeit aller Maschinen in st}},$$

3) m den Belastungsfaktor des Werkes:

$$m = \frac{\text{mittlere jährliche Nutzleistung des Werkes in kW}}{\text{Spitzenbelastung des Werkes in kW}}.$$

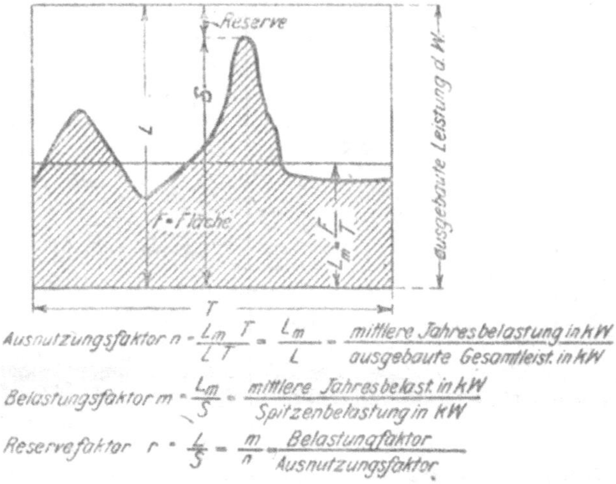

Abb. 6.

Bezeichnet man ferner mit (Abb. 7)

a den stündlichen Leerlauf-Wärme- bezw. Kohlenverbrauch einer Maschine in kcal/st bezw. kg/st,

b den zusätzlichen stündlichen Wärme- bezw. Kohlenverbrauch einer Maschine in kcal/st bezw. kg/st,

c den stündlichen Leerlauf-Wärme- bezw. Kohlenverbrauch der auf eine Maschine entfallenden Gasgeneratoren in kcal/st bezw. kg/st bei ruhenden Kraftmaschinen,

z die Anzahl der aufgestellten Maschinen,

$A = az\,8760$ den jährlichen Wärme- bezw. Kohlenverbrauch aller Maschinen bei Leerlauf in kcal bezw. kg,

$B = bz\,8760$ den jährlichen Wärme- bezw. Kohlenverbrauch aller Maschinen in kcal bezw. kg,

$C = cz\,8760$ den jährlichen Wärme- bezw. Kohlenverbrauch aller Generatoren bei Leerlauf und bei ruhenden Kraftmaschinen in kcal bezw. kg,

so ist der jährliche Wärme- bezw. Kohlenverbrauch eines Werkes mit kohlengefeuerten Kesseln

$$W_x = Af + Bn \text{ kcal bezw. kg}$$

und der jährliche Wärme- bezw. Kohlenverbrauch eines Werkes mit Gasgeneratoren

$$W_x = C + Af + Bn \text{ kcal bezw. kg.}$$

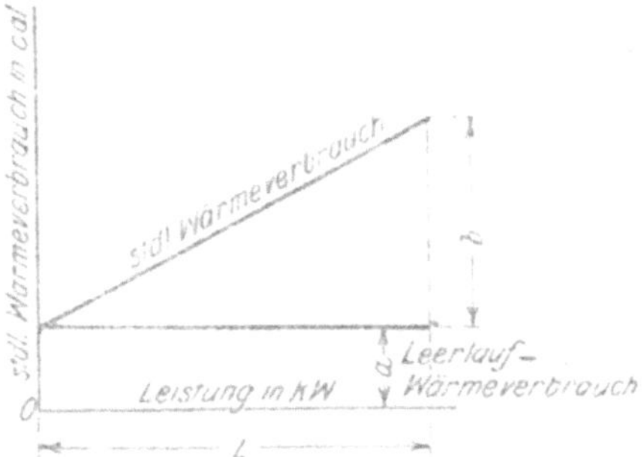

Abb. 7.

Die Kessel werden entsprechend dem Belastungsdiagramm zusammen mit den zugehörigen Turbinen zu- oder abgeschaltet und brauchen bei gedämpftem Feuer verhältnismäßig wenig Wärme. Der Verbrauch gasgefeuerter Kessel ist noch kleiner, weil beim Wiederanfeuern der günstigste Zustand der Flamme fast augenblicklich erreicht wird[1]. Durch Abschalten einiger Brenner kann auch für Teillasten der günstigste Luftüberschuß eingehalten werden.

Ob es dagegen möglich ist, den einzelnen Gasgenerator auftretenden Belastungsschwankungen ohne große Wärmeverluste anzupassen, sei dahingestellt. Diese Verluste mögen in der nachstehenden Rechnung ebenso unberücksichtigt bleiben wie eine etwaige Verringerung der spezifischen Ausbeute an Nebenprodukten, die aus derselben Ursache voraussichtlich erfolgt. Auch der Leerlaufverbrauch, der nachstehend nur mit 12 vH des Vollastverbrauches angenommen ist, dürfte wahrscheinlich zu niedrig geschätzt sein, und es ist zu vermuten, daß größere Belastungsschwankungen wirtschaft-

[1] Z. 1915 S. 264; 1916 S. 933 u. f.

lich in unangenehmerer Weise fühlbar werden. Die Zahlenwerte der folgenden Rechnungen sind vielmehr in dem Wunsche, die Generatorenanlagen nicht zu schlecht abschneiden zu lassen und den Anreiz zu ihrer Errichtung möglichst hoch zu halten, im Zweifelsfalle zu deren Gunsten gewählt worden. Uebersehen darf man allerdings nicht die Tatsache, daß der Leerlauf-Wärmeverbrauch großer Maschinensätze die zu diesen gehörigen Generatoren schon beträchtlich belastet und damit den Gesamtwärmeverbrauch des Werkes merklich beeinflußt. Während nämlich der auf die Maschinen entfallende Anteil des gesamten Leerlauf-Wärmeverbrauches mit dem Betriebszeitfaktor fällt und von einem aufmerksamen Betriebsleiter durch richtiges Zu- und Abschalten der Maschinensätze nahe der unteren Grenze gehalten werden kann, ist der Leerlaufverbrauch der Generatoren unabhängig vom Betriebszeitfaktor und dessen Einfluß entzogen; er läuft das ganze Jahr hindurch in gleicher Höhe.

Die Grenzen des Betriebszeitfaktors sind 1 und n[1]), ich habe ihn deshalb in früheren Vergleichsrechnungen gleich $\frac{1+n}{2}$ gesetzt[2]). Diese vereinfachte Annahme war so lange zulässig, als es sich um Vergleichsrechnungen zwischen Werken ähnlichen Charakters handelte. Sollen jetzt Gaskraftwerke mit verhältnismäßig kleinen Maschinen mit Dampfturbinenanlagen verglichen werden, so ist der Zusammenhang zwischen n und f festzustellen. Zu diesem Zweck ist die Annahme gemacht, daß eine neue Turbine jeweils dann zugeschaltet wird, wenn die zuvor in Betrieb gesetzte mit 80 vH belastet ist; die nächste Gasmaschine soll angelassen werden, wenn die in Betrieb befindlichen mit 90 vH ihrer Normalleistung laufen. Es zeigt sich dann, daß zwischen n und f mit befriedigender Annäherung ein linearer Zusammenhang besteht und daß f stets kleiner ist als $\frac{n+1}{2}$. In der Gasmaschinenanlage nähert sich f sogar dem günstigsten Werte n und weicht nur wenig von ihm ab, weil die große Maschinenzahl eine sehr schmiegsame Anpassung an die Belastungskurve gestattet.

Der Gang der recht umfangreichen Rechnungen, auf die hier nicht näher eingegangen werden soll, ist im wesentlichen der früherer Veröffentlichungen[3]). In Abb. 8 ist die Abhängigkeit des jährlichen Kohlenverbrauches von der mittleren Jahresnutzleistung (Belastungsfaktor) für die drei vor-

---

[1]) Vergl. Bau großer Elektrizitätswerke, Bd. I S. 66.

[2]) Klingenberg, Elektrische Großwirtschaft, ETZ 1916.

[3]) Klingenberg, Bau großer Elektrizitätswerke, Bd. I S. 68/69.

erwähnten Fälle dargestellt. Das Verhältnis des Kohlenverbrauches des Dampfturbinenwerkes ohne Nebenproduktenanlage (A) zu dem des Gasmaschinenwerkes mit Nebenproduktenanlage (C) zu dem des Dampfturbinenkraftwerkes mit Nebenproduktenanlage (B) stellt sich für

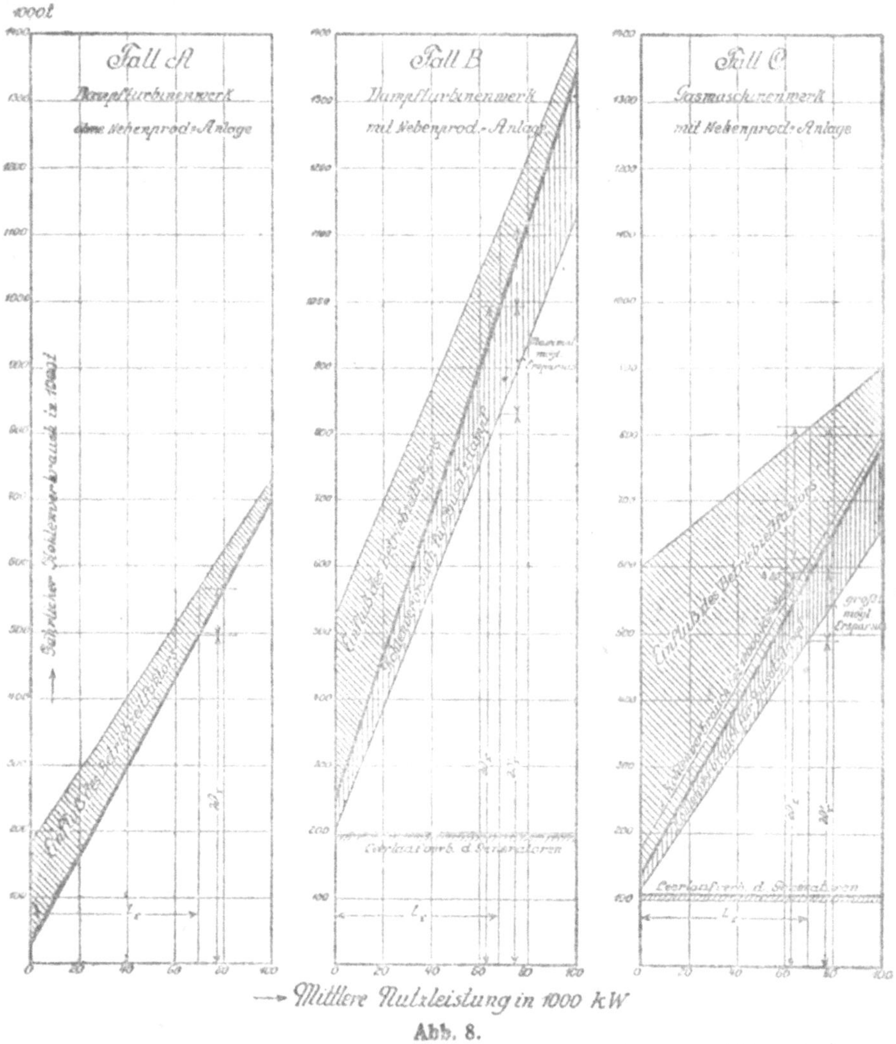

Abb. 8.

Jährlicher Kohlenverbrauch des Werkes in 1000 t (Kohlenheizwert = 7000 cal/kg).

eine mittlere Nutzleistung von 100 000 kW (Vollast) wie 1 : 1,13 : 1,92,

eine mittlere Leistung von 50 000 kW (Halblast) wie 1 : 1,25 : 2,2

und für Belastungen, die etwa dem heutigen mittleren Belastungsfaktor (etwa 0,25) von Elektrizitätswerken entsprechen, wie 1 : 1,4 : 2,5, Abb. 9.

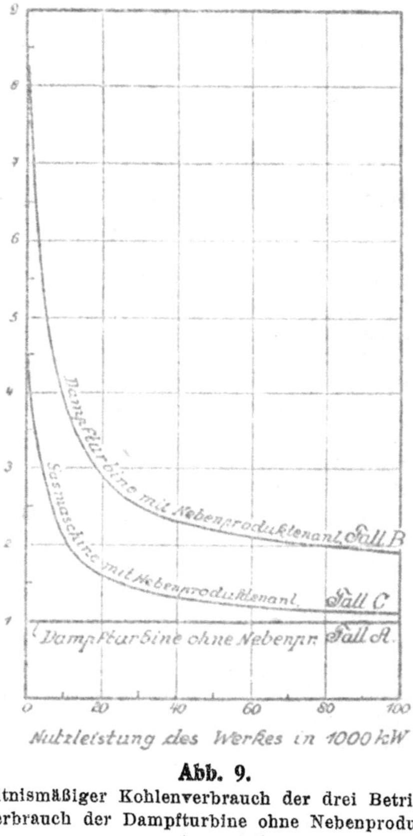

Abb. 9.
Verhältnismäßiger Kohlenverbrauch der drei Betriebsarten (Kohlenverbrauch der Dampfturbine ohne Nebenproduktenanlage = 1 gesetzt).

Die immer wieder vorgebrachte Behauptung, die unmittelbare Verfeuerung der Kohle unter Verzicht auf die Gewinnung der Nebenprodukte stelle eine ungeheure Verschwendung von Brennstoffen und von Nationalvermögen dar, ist hiernach irreführend. Es werden zwar in der Kohle enthaltene bedeutende Werte vernichtet; dem steht aber eine fühlbare Schonung unserer Kohlenvorräte gegenüber.

Mit Schlagworten sollten Fragen von so weitgehender wirtschaftlicher Tragweite nicht behandelt werden. Es bedarf vielmehr der eingehenden Arbeit des Wirtschaftstechnikers, der von Fall zu Fall festzustellen hat, ob und in welchem Maße sich die Gewinnung der Nebenprodukte wirtschaftlich rechtfertigen läßt und wie die Betriebe gestaltet werden müssen, damit ihre Ausnutzung lohnend wird.

Die obersten dünn ausgezogenen Linien der Abbildung 8 zeigen die Abhängigkeit des Kohlenverbrauches von der mittleren Belastung für den ungünstigsten Fall, daß der Betriebsfaktor gleich 1 ist, die linksschraffierte Fläche die Abnahme des Kohlenverbrauches durch den Einfluß des Betriebszeitfaktors nach vorstehenden Voraussetzungen.

Die senkrecht schraffierte Fläche in Abb. 8B und 8C stellt den Kohlenbedarf für die Erzeugung des Zusatzdampfes dar, die strichpunktierte Linie in Abb. 8C die Aenderung des Kohlenverbrauches, wenn an Stelle von 6000 kW-Maschinensätzen solche von 12000 kW aufgestellt würden. Die geringere Schmiegsamkeit der größeren Maschine kommt hierbei deutlich zum Ausdruck, sie macht sich desto mehr geltend, je geringer die Belastung ist.

Gelänge es, durch Verbesserung der Generatoren die Menge des Zusatzdampfes soweit zu verringern, daß er aus der Eigenwärme des Gases gewonnen werden könnte, so verbesserte sich der Kohlenverbrauch um den durch die Senkrechtschraffur dargestellten Betrag. Im Falle *C* könnte dann die Abwärme der Gasmaschinen in Niederdruck-Dampfturbinen noch für Kraftzwecke ausgenutzt werden, und es ist angenommen, daß sich hierdurch die Gesamtleistung um 13 vH erhöht[1]). Diese Ersparnis wird allerdings durch die Betriebskosten der Abwärmeturbinenanlage zum Teil ausgeglichen.

c) Anlage- und Betriebskosten der Werke.

Die Anlagekosten der Turbinenkraftwerke wurden zu 180 *M* für das ausgebaute Kilowatt (170 *M* für den Fall *B*) eingesetzt, sie werden im Falle *B* infolge des Fortfalles der Kohlenförderanlage im Kesselhaus, die allerdings in den

[1]) »Stahl und Eisen« 1913 S. 1487.

Kosten der Generatoranlage wieder erscheint, niedriger. Es sei in diesem Zusammenhang auf frühere Veröffentlichungen hingewiesen [1]).

Die Kosten der Gasmaschinenkraftwerke sind mit 240 ℳ/kW eingesetzt. Die aus der Literatur erhältlichen Angaben schwanken zwischen 210 und 320 ℳ [2]). An andern Stellen wird angegeben, daß die Kosten 1,3- bis 2,2 mal so hoch wie die von Dampfturbinenwerken sind [3]).

Die Kosten der Generatorenanlagen und der Anlagen zur Gewinnung der Nebenprodukte sind zum Teil aus der Literatur, zum Teil aus Angeboten entnommen [4]). Es ergibt sich dann folgende Zusammenstellung:

	Dampfturbinenwerk ohne Nebenproduktengewinnung	Dampfturbinenwerk mit Nebenproduktengewinnung	Gasmaschinenwerk
	A	*B*	*C*
Es betragen die Anlagekosten in Mill. ℳ:			
für Maschinen- und Kesselanlage . .	22,5	21,2	32,4
für Anlage zur Erzeugung von Zusatzdampf, Generatoren, Nebenproduktengewinnung	—	25,0	15,2
gesamte Anlagekosten	22,5	46,2	47,6

Die Anlagekosten sind für *B* und *C* also annähernd gleich und rd. doppelt so groß wie für *A*.

Für Zinsen und Rücklagen sind ebenso wie in früheren Rechnungen 12 vH angesetzt, weil die natürliche Entwertung durch zunehmenden Verschleiß mit der durch inzwischen erzielte technische Verbesserungen veranlaßten parallel läuft.

Stauber gibt die Kosten der Schmierung für Dampfturbinen mit 0,015 ₰/kW-st, für Gasmaschinen mit 0,120 ₰/kW-st, die Reparaturkosten für erstere mit 0,5 vH, für letztere mit 2 vH an [5]).

[1]) Klingenberg, Elektrische Großwirtschaft, ETZ 1916.

[2]) Pokorny, »Stahl und Eisen« 1910 S. 938; Peucker, ebenda 1913 S. 2111; Rummel, Z. 1914 S. 1153.

[3]) Z. 1914 S. 1153; Gercke, »Stahl und Eisen« 1913 S. 1021; Stauber, ebenda 1913 S. 1345.

[4]) Wolff, a. a. O.; Trenkler, ETZ 1914 S. 672; Scheuer, a. a. O

[5]) »Stahl und Eisen« 1913 S. 1345.

Die von mir für Vollbelastung der Werke angenommenen Werte zeigt folgende Zusammenstellung:

		Dampfturbinenwerk ohne Nebenproduktengewinnung	Dampfturbinenwerk mit Nebenproduktengewinnung	Gasmaschinenwerk
		A	*B*	*C*
Kosten für Schmierung und Putzmittel	₰/kW-st	0,015	0,015	0,100
Gehälter und Löhne für die Maschinenanlagen	»	0,15	0,10	0,15
Gehälter und Löhne für die Gasanlage (bezogen auf 1 t durchgesetzte Kohle)	ℳ/t	—	1,30	1,30
Reparaturkosten für die Maschinen	vH	1,0	1,0	2,5
Reparaturkosten für die Generatoren	»	—	2,5	2,5

Für andre Belastungen ergeben sich Teilwerte unter der Voraussetzung, daß diese linear mit dem Ausnutzungsfaktor bis auf einen dem Leerlauf des Werkes entsprechenden Betrag sinken.

Abb. 10 zeigt die hiernach errechnete wirtschaftliche Charakteristik, wenn für Nebenprodukte 12 ℳ/t Kohlendurchsatz erzielt werden, und zwar für einen Kohlenpreis von 14 ℳ/t, entsprechend einem Wärmepreis von 2 ₰/10 000 kcal bezw. für 17,5 ℳ/t und einem Wärmepreis von 2,5 ₰/10 000 kcal.

Die außer den Kohlenkosten entstehenden Betriebskosten werden für *B* und *C* durch den höheren Kapitaldienst und die höheren Ausgaben für Löhne und Reparaturen beherrscht. Der schädliche Einfluß dieser Ausgaben kann trotz der vorausgesetzten hohen Einnahme für die Nebenprodukte selbst im Falle *C* nur für hohe Belastung wieder gut gemacht werden.

Sehr groß ist für *B* und *C* der Einfluß des Brennstoffpreises auf die Wirtschaftlichkeit. Sinkt dieser um 0,5 ₰ für 10 000 kcal, so verschieben sich alle Wirtschaftlichkeitsgrenzen stark zugunsten der Nebenproduktengewinnung. Umgekehrt verschiebt jede Steigerung des Kohlenpreises, also auch die Kohlensteuer, die Verhältnisse im entgegengesetzten Sinne.

Die vielfach aufgestellte und wiederholte Behauptung, der wirtschaftliche Einfluß der Kohlensteuer könne in Kraft-

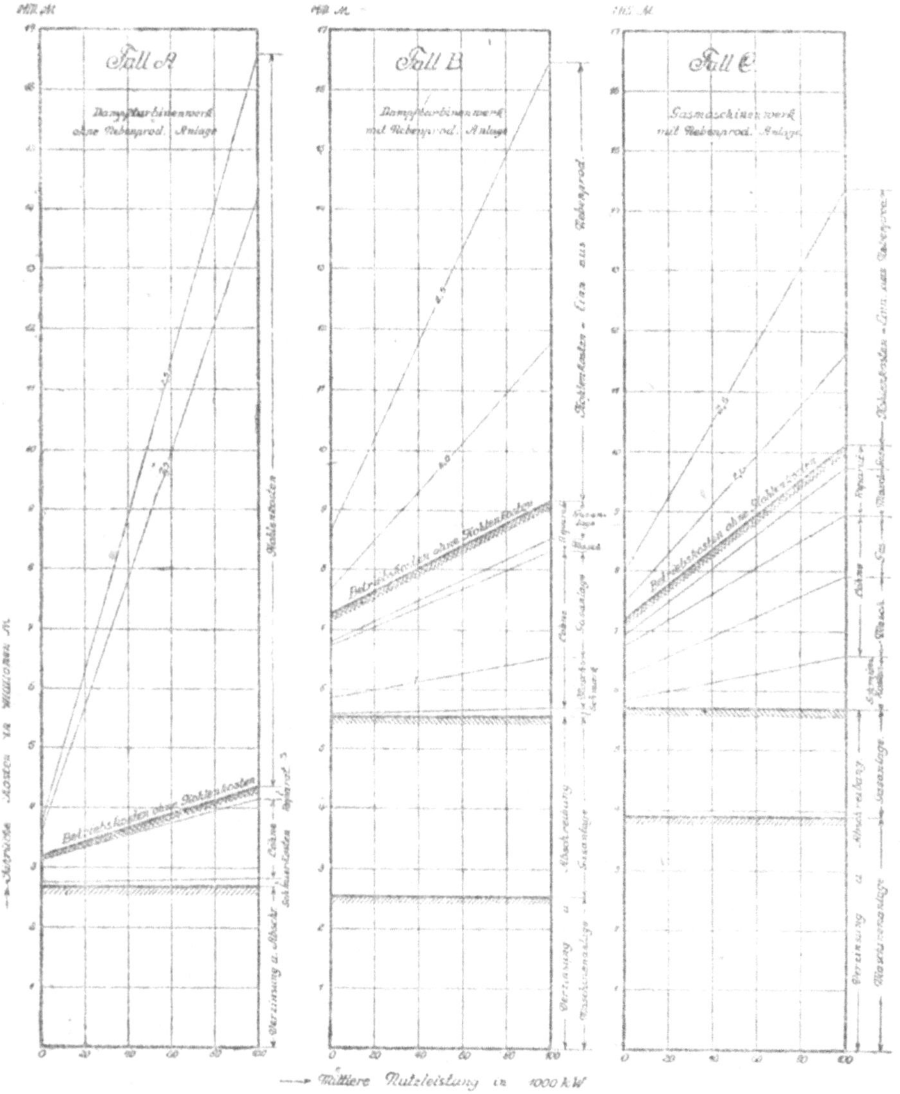

Abb. 10.
Vergleich der jährlichen Betriebskosten. (Gute Nebenproduktenausbeute: 12 ℳ pro t Kohle.)

werken durch den Ausbau von Nebenproduktenanlagen ausgeglichen werden, trifft also nicht zu. Gerade das Gegenteil ist richtig: je höher der Kohlenpreis, um so geringer die Aussicht, die zur Gewinnung der Nebenprodukte errichteten Anlagen wirtschaftlich zu gestalten. Der schädigende Einfluß jeder Steigerung des Kohlenpreises ist ein Vielfaches der in Kraftwerken mit kohlengefeuerten Kesseln entstehenden Verteuerung.

Wird die Rechnung für verschiedene Kohlenpreise (von 0 bis 28 ℳ/t steigend, entsprechend einer Zunahme der Wärmepreise von 0 bis 4 ₰/10 000 kcal) für die drei betrachteten Fälle durchgeführt, so erhält man Scharen wirtschaftlicher Charakteristiken, die in Abb. 11 bis 13 für Nebenproduktenpreise von 17,56 ℳ/t, Abb. 11, von 12 ℳ/t, Abb. 12' und von 6,44 ℳ/t, Abb. 13, dargestellt sind. Durch Verbindung der Gleichwertigkeitspunkte ergeben sich Grenzkurven, welche die Gebiete abschließen, in denen der eine Betrieb dem andern überlegen ist.

Die wirtschaftlichen Charakteristiken der Anlagen mit Nebenproduktengewinnung zeigen für die niedrigen Brennstoffpreise insofern einen ungewohnten und zunächst überraschenden Verlauf, als die gesamten jährlichen Kosten mit abnehmender Leistung steigen.

Der Vergleich zwischen Abb. 11, 12 und 13 zeigt, daß diese fallende Neigung desto schwächer wird, je geringer die Einnahme aus Nebenprodukten ist. Die Linienscharen *B* und *C* drehen sich in Abb. 11 bis 13 gewissermaßen im entgegengesetzten Sinne des Uhrzeigers.

Als Ursache für dieses Verhalten erkennt man leicht den Umstand, daß für höhere Preise der Nebenprodukte der infolge schwächerer Belastung steigende Einnahmeausfall mehr und mehr zur Wirkung gelangt. Die Einnahme aus Nebenprodukten kann unter Umständen sogar die Kohlenkosten übersteigen, so daß dann Neigung bestehen würde, mehr Kohle zu vergasen, als zur Deckung des Strombedarfes nötig ist.

In dem Schnittpunkt der drei Grenzkurven werden die drei Betriebsarten gleich teuer. Dieser Fall tritt in Abb. 11 (Nebenprodukteneinnahme 17,56 ℳ/t) bei einer mittleren Belastung von rd. 35 000 kW und einem Wärmepreis von rd. 2,7 ₰, in Abb. 12 bei einer Belastung von durchschnittlich 60 000 kW und einem Wärmepreis von rd. 1,9 ₰ ein. In Abb. 13 besteht gleichfalls eine Grenzkurve zwischen den Dampfbetrieben, der Schnittpunkt mit dem Gasmaschinenbetrieb liegt jedoch bereits außerhalb des Bildes, d. h. die Gasmaschine arbeitet unter allen Verhältnissen ungünstiger, sie kommt wirtschaftlich nicht mehr in Betracht.

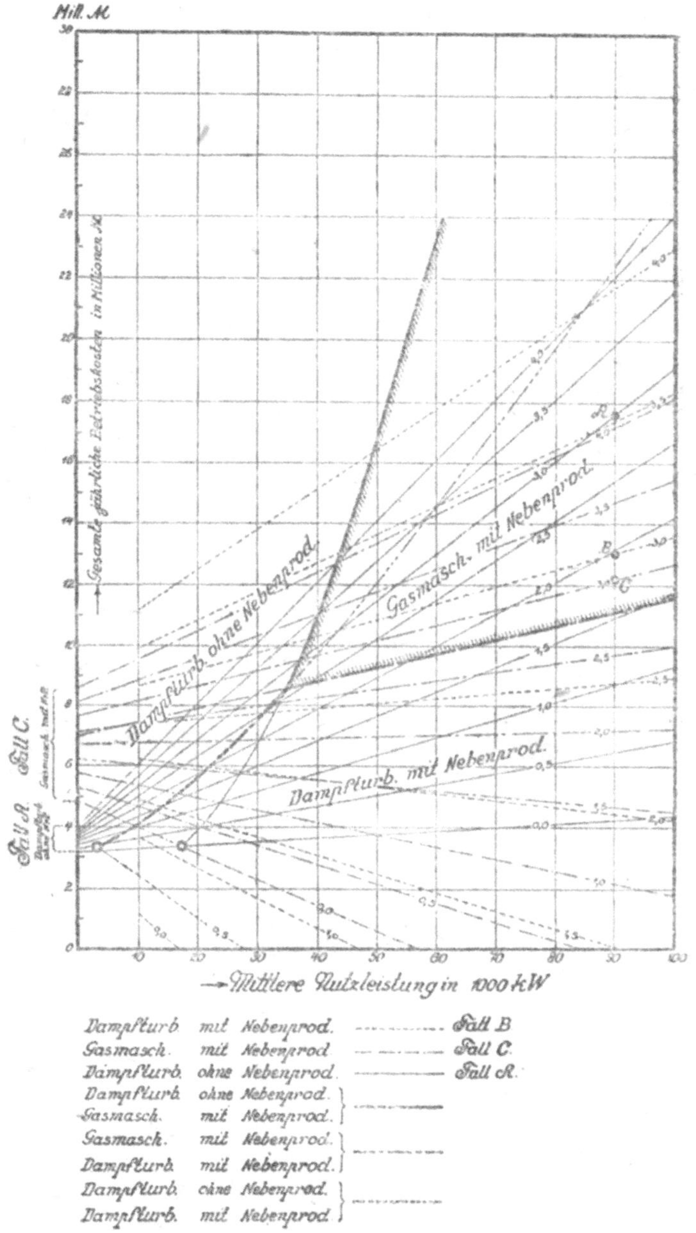

Abb. 11. Gesamte jährliche Betriebskosten.
Einnahme aus den Nebenprodukten: 17,56 M pro t Kohle. Fall I.

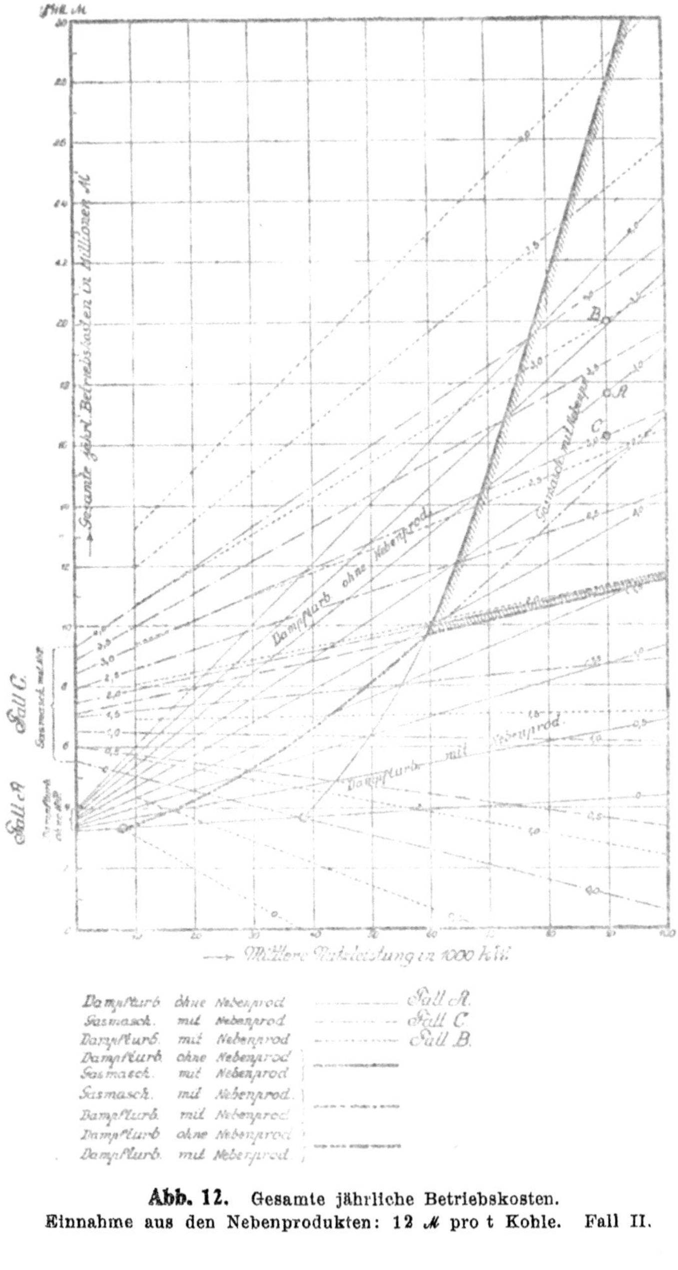

Abb. 12. Gesamte jährliche Betriebskosten.
Einnahme aus den Nebenprodukten: 12 ℳ pro t Kohle. Fall II.

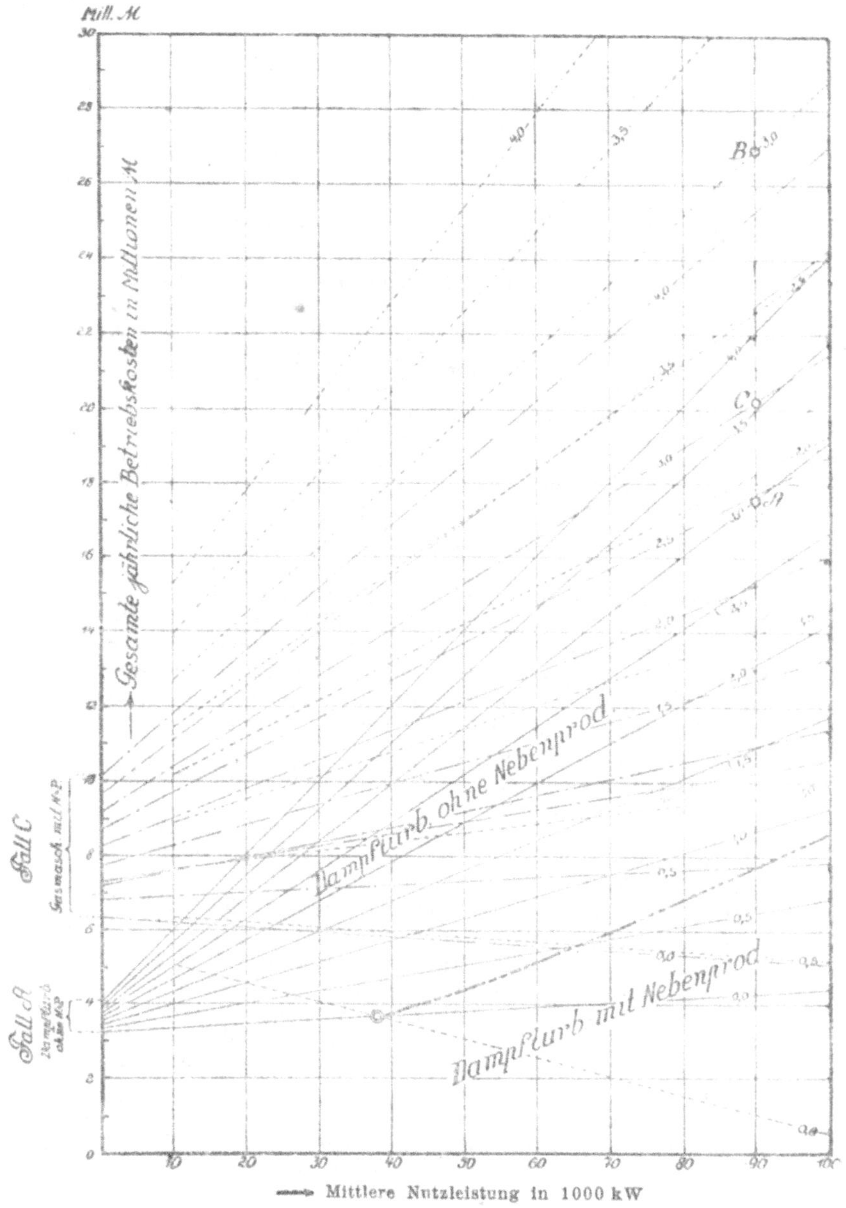

Dampfturb. mit Nebenprod. ---------- Fall B
Dampfturb. ohne Nebenprod. ———— Fall A
Gasmasch. mit Nebenprod. —·—·—·— Fall C

Dampfturb. ohne Nebenprod.
Dampfturb. mit Nebenprod.

Abb. 13. Gesamte jährliche Betriebskosten
Einnahme aus den Nebenprodukten: 6,44 M pro t Kohle. Fall III.

d) Ergebnisse der Berechnung.

Aus der Betrachtung der drei Abbildungen lassen sich folgende allgemeine Schlüsse ziehen:

1) Die unmittelbare Verbrennung ist der Vergasung stets überlegen, wenn die Kohle mehr als 6 ℳ/t kostet (Wärmepreis 0,85 ₰/10 000 kcal) und wenn die Einnahme aus den Nebenprodukten weniger als rd. 6,5 ℳ/t beträgt.

Daraus folgt zunächst, daß Nebenproduktenanlagen (mit Generatoren) für deutsche Steinkohlen mit kleinem Stickstoffgehalt überhaupt nicht ausführbar sind. Auch Kohlen mit mittlerem Stickstoffgehalt können nur unter der Voraussetzung vergast werden, daß die Sulfatpreise auf normaler Höhe bleiben. Findet eine gesetzliche Regelung nach dem Kriege nicht statt, so sind solche Anlagen wirtschaftlich jedenfalls zu den unsicheren Gebilden zu rechnen.

2) Solange die Kohlenpreise (einschließlich der Steuer) unter 14 ℳ/t liegen, arbeiten Nebenproduktenanlagen in Verbindung mit Dampfturbinen bei jeder Belastung wirtschaftlicher als mit Gasmaschinen.

3) Gaskraftwerke kommen nur in Betracht, wenn die Kohlenpreise höher als 14 ℳ/t sind und wenn die Gewinnung der Nebenprodukte mindestens 10 ℳ/t einbringt. Bei einem Nebenproduktenpreis von 12 ℳ/t muß die durchschnittliche Belastung des Werkes bereits 60 vH der Vollast (Belastungsfaktor 0,6) betragen, sie muß also weit höher sein als die normaler Kraftwerke. Erst bei einem Kohlenpreis von rd. 18 ℳ/t darf der Belastungsfaktor unter 40 vH sinken.

Der Belastungsbereich, innerhalb dessen die unmittelbare Verfeuerung den Vorzug verdient, ist um so größer, je weniger die Nebenprodukte einbringen. Die unmittelbare Verfeuerung der Kohle ist für alle Belastungsverhältnisse und alle praktisch vorkommenden Kohlenpreise die billigste Betriebsart, solange aus Nebenprodukten weniger als rd. 8 ℳ pro t Kohlen erzielt werden.

Trägt man für eine bestimmte mittlere Belastung die jährlichen Betriebskosten als Funktion des Kohlenpreises auf, so ergibt sich für 90 000 kW das in Abb. 14, für 60 000 kW das in Abb. 15 dargestellte Bild. Die Nebenproduktenpreise sind darin von 16 ℳ bis 7 ℳ für 1 t vergaste Steinkohle abgestuft.

Die stark ausgezogene Linie stellt den Fall *A* dar (Dampfturbinenkraftwerk ohne Nebenproduktenanlage), die strichpunktierte stark ausgezogene Linie die Grenze zwischen *B* und *C*.

Aus den Abbildungen 11 bis 13 lassen sich ähnliche Schaubilder auch für noch kleinere Nutzleistungen ableiten.

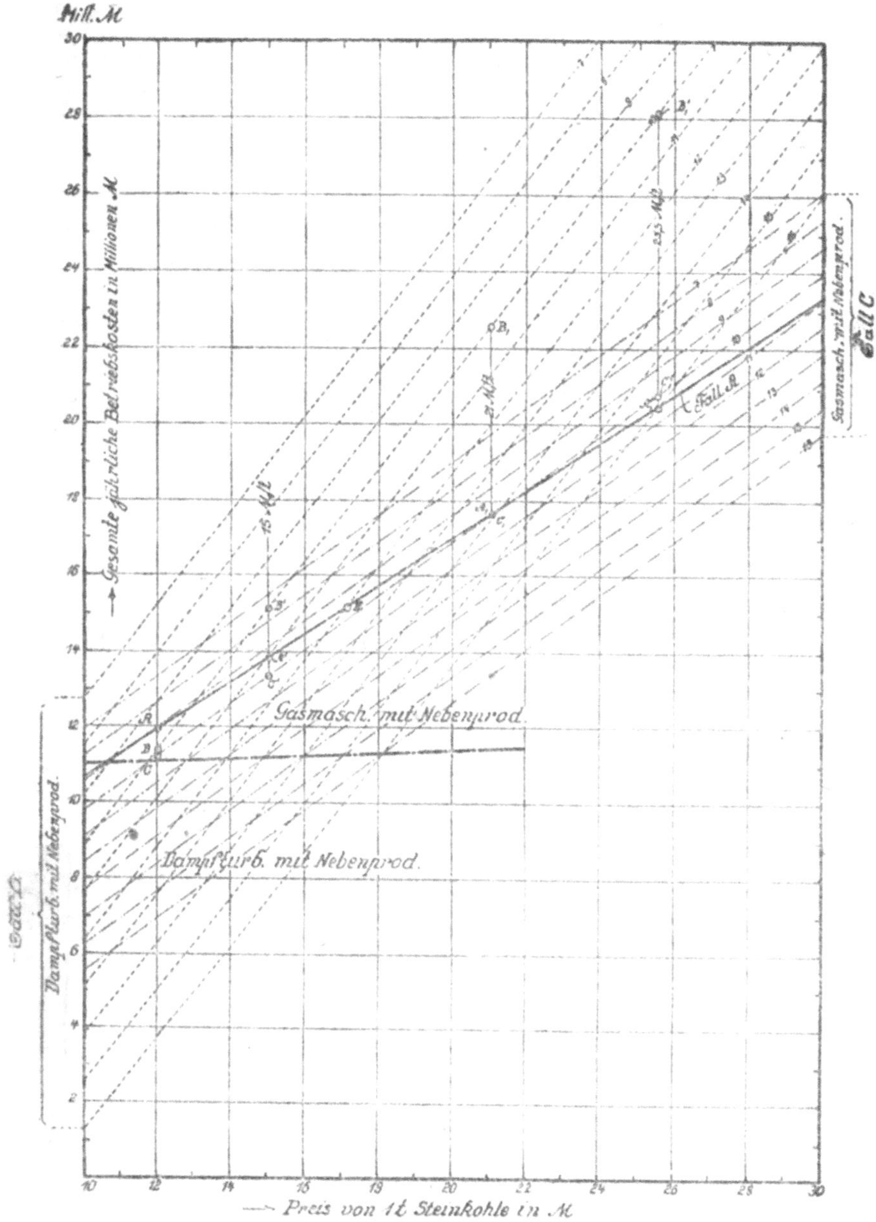

Fall A ———— Dampfturb. ohne Nebenprod.
Fall B - - - - - - Dampfturb. mit Nebenprod.
Fall C - —— - —— Gasmasch. mit Nebenprod.
—·—·—·— { Dampfturb. mit Nebenprod. / Gasmasch. mit Nebenprod.

Abb. 14. Gesamte jährliche Betriebskosten für verschiedene Preise der Kohle und der Nebenprodukte. Mittlere Nutzleistung 90 000 kW.

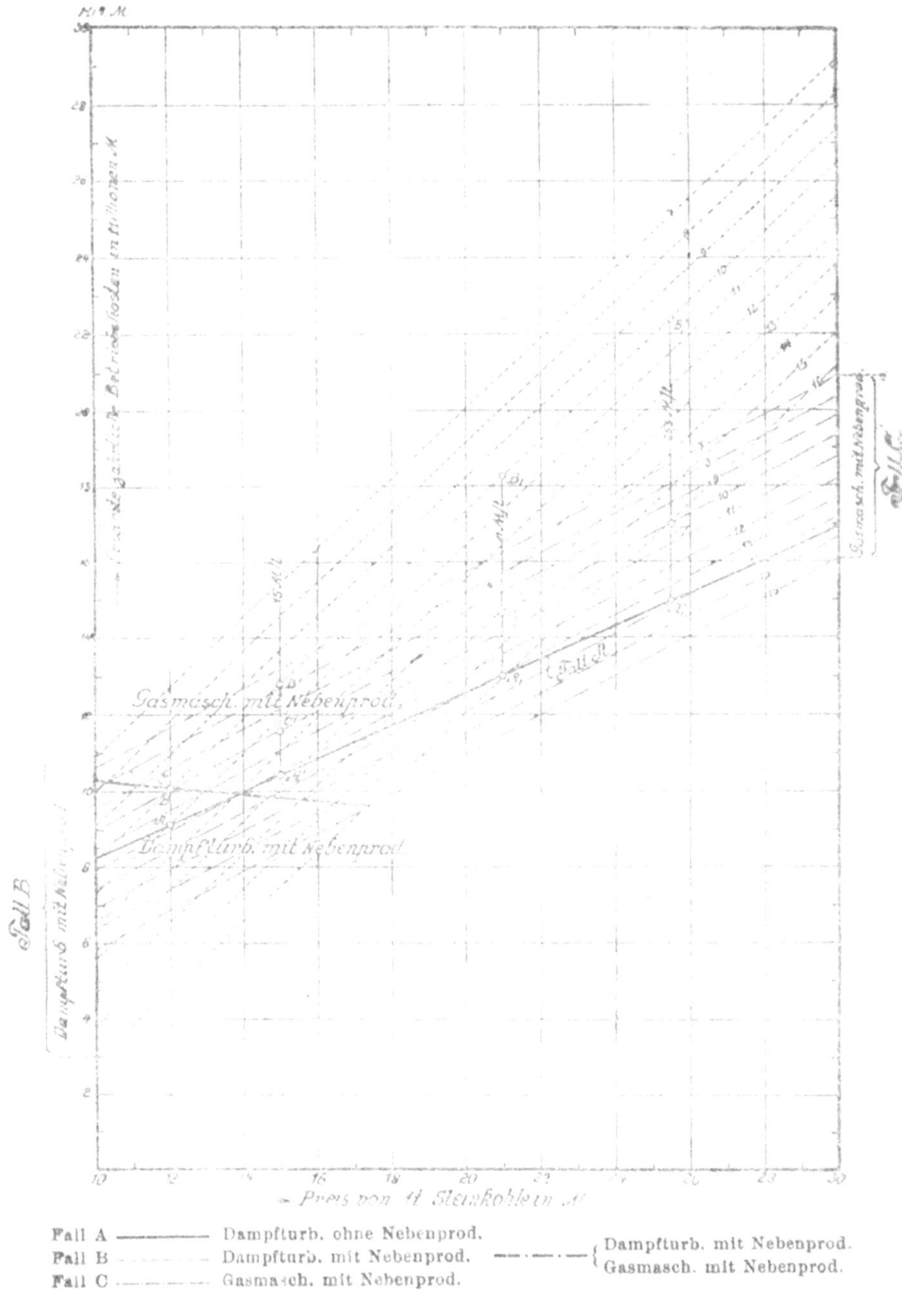

Fall A ——————— Dampfturb. ohne Nebenprod.
Fall B - - - - - - - Dampfturb. mit Nebenprod.
Fall C — — — — Gasmasch. mit Nebenprod.

—·—·— { Dampfturb. mit Nebenprod. / Gasmasch. mit Nebenprod. }

Abb. 15. Gesamte jährliche Betriebskosten für verschiedene Preise der Kohle und der Nebenprodukte. Mittlere Nutzleistung 60 000 kW.

Man sieht aber bereits an Abb. 15, daß *B* und *C* dann innerhalb der praktisch vorkommenden Grenzen mit *A* nicht mehr in Wettbewerb treten können. Abgesehen davon würde der Betrieb von Nebenproduktenanlagen bei Belastungsfaktoren unter 60 vH wahrscheinlich schon aus praktischen Gründen undurchführbar sein.

An einigen Rechnungsbeispielen möge der Gebrauch der Schaubilder gezeigt und untersucht werden, wie sie sich ändern, wenn die Voraussetzungen, auf Grund derer sie entworfen wurden, andre werden.

I. Beispiel.

Einfluß der Kohlenkosten und der Nutzleistung.

Annahme: Lage des Werkes auf der Grube. Industrieller Betrieb mit großer Nachtschicht. Spitzenleistung 100 000 kW, Durchschnittsleistung 60 000 kW.

Es soll untersucht werden, wie sich die Verhältnisse gestalten, wenn infolge der Kohlensteuer und der Erhöhung der Arbeitslöhne der Kohlenpreis von 12 ℳ/t auf 15 ℳ/t steigt (s. die Zusammenstellung).

Zusammenstellung aus Abb. 15 und 16.

Nutzleistung des Werkes	60 000	90 000	kW
Spitzenleistung des Werkes . . .	100 000	100 000	»
Belastungsfaktor	60	90	vH
Einnahme aus den Nebenprodukten	10	10	ℳ/t

Kohlenpreis		jährliche Mill. ℳ	Betriebskosten in Mill. ℳ
12 ℳ/t	*A*	9,13	11,9
	B	10,10	11,4
	C	10,20	11,2
15 ℳ/t	*A*	10,4	13,8
	B	12,8	15,1
	C	11,6	13,4
21 ℳ/t	*A*	13,0	17,6
	B	18,2	22,5
	C	14,7	17,6
25,5 ℳ/t	*A*	15,0	20,5
	B	22,4	28,2
	C	17,0	20,8

Bei niedrigerem Kohlenpreise ist *A* um rd. 1 Mill. ℳ günstiger als *C* (Punkte *A*, *B*, *C* in Abb. 15); dieser Unterschied erhöht sich durch die Preissteigerung der Kohle auf 1,2 Mill. ℳ (Punkte *A'*, *B'*, *C'* in Abb. 15).

Wird das Werk z. B. in Berlin errichtet und treten zu den reinen Kohlenkosten noch die Transportkosten für 400 bis 500 km Entfernung und die Verladungskosten hinzu (Kohlenpreis 21 *M*/t), so arbeitet *A* um 1,7 Mill. *M* billiger als *C* (Punkte A_1, B_1, C_1 in Abb. 15).

In der Zusammenstellung sind noch die Betriebskosten für einen Belastungsfaktor von 0,9 angegeben, ein Wert, der in sehr gleichmäßig arbeitenden elektrochemischen Betrieben erzielt wird.

Für mäßige Kohlenpreise (12 *M*/t) stellt sich jetzt *C* um 0,7 Mill. *M*, d. h. um 6 vH der gesamten Betriebskosten billiger als *A*. Die wirtschaftliche Ueberlegenheit von *A* ist also ins Gegenteil verkehrt worden (Punkte *A*, *B*, *C* in Abb. 14).

II. Beispiel.

Einfluß der Nebenproduktenpreise.

Der unsicherste Wert in den vorstehenden Rechnungen ist der Preis der Nebenprodukte. Läßt man für 90 000 kW mittlere Belastung die Einnahmen aus den Nebenprodukten von 11 *M* auf 9 *M* für 1 t vergaste Steinkohle sinken, so erhält man bei einem Kohlenpreis von 20 *M*/t folgende Werte:

mittlere Nutzleistung		90 000		kW
Preis der Kohle		20		*M*/t
Einnahme aus den Nebenprodukten		11	9	»
jährliche Betriebs- kosten	*A*	17,0	17,0	Mill. *M*
	B	20,0	22,6	»
	C	16,2	17,6	»

Während früher *C* um 0,8 Mill. *M* billiger arbeitete als *A*, sind infolge des Preissturzes der Nebenprodukte um 20 vH die Betriebskosten von *C* um 0,6 Mill. *M* höher geworden.

III. Beispiel.

Einfluß der Anlagekosten.

Die Schaubilder 10 bis 15 wurden mit folgenden Anlagekosten berechnet: *A* 22,5 Mill. *M*, *B* 46,2 Mill. *M*, *C* 47,6 Mill. *M*.

Für eine mittlere Nutzleistung von 90 000 kW, einen Kohlenpreis von 22 *M*/t und eine Einnahme aus den Nebenprodukten von 10 *M*/t betragen die jährlichen Betriebskosten für *A* und *C* 18,3 Mill. *M*, Abb. 14.

Fällt nun z. B. infolge Verbesserung der Generatoren (etwa durch Erhöhung der spezifischen Durchsatzleistung) das hierfür angenommene Anlagekapital von 15,2 auf

10 Mill. ℳ, so sinken die Anlagekosten C auf 42,4 Mill. ℳ. Der Betrag für Verzinsung und Abschreibung geht von 5,7 Mill. ℳ auf $\frac{5\,700\,000 \cdot 42{,}4}{47{,}6}$ ℳ $=$ 5,08 Mill. ℳ zurück. C arbeitet also jetzt um rd. 0,62 Mill. ℳ billiger als A.

IV. Beispiel.

Einfluß des Brennstoffverbrauches.

Annahme:

mittlere Nutzleistung	90000 kW
Preis der Kohle	17,1 ℳ/t
Einnahmen aus den Nebenprodukten	12,0 »

Die Annahmen wurden so gewählt, daß A und B gleich teuer werden. Die Betriebskosten betragen (Punkt X in Abb. 14) für A und B 15,2 Mill. ℳ.

Es soll festgestellt werden, wie die Verhältnisse sich gestalten würden, wenn man ohne Zusatzdampf auskäme.

Nach Abb. 8 beträgt der jährliche Kohlenverbrauch für B 1,26 Mill. t und würde sich auf 1,07 Mill. t ermäßigen, wenn man ganz ohne Zusatzdampf auskäme. Die Ersparnis würde (1 260 000 — 1 070 000) · (17,1 — 12,0) gleich 0,97 Mill. ℳ betragen, wodurch B wesentlich wirtschaftlicher würde als C.

Die bisherigen Rechnungen sind für Steinkohlen von rd. 7000 kcal/kg durchgeführt worden. Sie lassen sich auch auf Braunkohlen übertragen, wenn man den Mehrverbrauch berücksichtigt.

V. Beispiel.

Braunkohlenanlagen.

Der Heizwert mitteldeutscher Braunkohlen liegt zwischen 2200 und 2500 kcal/kg, 1 kg Steinkohlen ist sonach rd. 3 kg Braunkohlen gleichwertig (diese Zahl ist von Fall zu Fall zu bestimmen). Mitteldeutsche Braunkohle enthält 0,25 bis 0,40 vH Stickstoff und 2 bis 8 vH Teer. In Generatoranlagen wurden bisher 2 bis 3 vH Teer ausgebracht, es ist aber nicht ausgeschlossen, daß es durch Verbesserungen gelingt, die Teerausbeute auf etwa 5 vH zu steigern. (Es ist kaum möglich, für Braunkohlengeneratorteer marktgängige Preise anzugeben, im allgemeinen werden bessere Preise als für Steinkohlengeneratorteer erzielt.) Der Preis wasserfreien Braunkohlenteers hängt von dem Gehalt an sauern Oelen und Paraffin ab, er soll im Frieden zwischen 30 und 60 ℳ/t gelegen haben.

Die Einnahmen aus den Nebenprodukten dürften sonach zwischen folgenden Grenzen liegen:

Fall I.

Schlechte Ausbeute, schlechte Preise.

	ℳ/t	vH
Sulfat = 0,008 · (200 — 30) ℳ	1,36	69,4
Teer = 0,020 · 30 ℳ	0,60	30,6
zusammen	1,96	100

Fall II.

Gute Ausbeute, gute Preise.

	ℳ/t	vH
Sulfat = 0,0128 · (250 — 30) ℳ	2,82	47,5
Teer = 0,050 · 60 ℳ	3,00	52,2
zusammen	5,82	100

Während bei Steinkohle der Erlös aus Teer 11 bis 16 vH der gesamten Einnahmen aus den Nebenprodukten beträgt, steigt er bei mitteldeutscher Braunkohle auf 30 bis 50 vH. Die Teerausbeute beeinflußt also hier die Wirtschaftlichkeit der Nebenproduktengewinnung in weit höherem Maße. Es kann sogar unter Umständen bei gewissen Braunkohlen vorteilhaft sein, auf die Ammoniakgewinnung überhaupt zu verzichten.

Für den gleichen Heizwert (7 Mill. kcal) ergeben sich danach (für 1 t Steinkohle oder 3 t Braunkohle) die Nebenprodukteneinnahmen für Braunkohle zu 5,9 bis 17,5 ℳ, für Steinkohle zu 6,4 bis 12,00 ℳ.

Bleibt dieses Preisverhältnis auch nach dem Krieg erhalten, so würde die Gewinnung der Nebenprodukte für Braunkohle lohnender sein, zumal der Wärmepreis der Braunkohle auf der Grube wesentlich billiger als der der Steinkohle ist.

Die Brauchbarkeit des Brennstoffes für die Vergasung in Generatoren, die Ausbeute an Teer, seine Güte und die Möglichkeit seines Absatzes sind aber für mitteldeutsche Braunkohle noch so unsichere und unbekannte Größen, daß es gewagt wäre, eine auch nur annähernd gültige allgemeine Berechnung aufzustellen.

Kennt man die Eigenschaften einer Braunkohle, so kann man an Hand von Abb. 14 und 15 die Betriebskosten überschlägig berechnen, indem man statt des Brennstoffpreises und des Erlöses aus den Nebenprodukten von 1 kg Steinkohle die entsprechenden Werte von 3 kg Braunkohle einsetzt.

Bei genauerer Berechnung müßte u. a. eine gewisse Verschiebung der Anlagekosten und der Umstand berücksichtigt werden, daß Braunkohle weniger Zusatzdampf braucht.

V. Die Aussichten für Kraftwerke

lassen sich folgendermaßen kennzeichnen:

1) Nebenproduktenanlagen in Kraftwerken sind unwirtschaftlich, wenn der Belastungsfaktor unter 60 vH sinkt.

2) Die Aussichten werden desto geringer, je kleiner das Kraftwerk ist. Bis herunter zu einer Spitzenleistung von 50000 kW können die Rechnungen noch als zutreffend angesehen werden. Liegt die Spitze wesentlich tiefer, so muß der Belastungsfaktor entsprechend höher sein, wenn dieselbe Wirtschaftlichkeit wie in einem größerem Werk erreicht werden soll.

3) Würde man die Belastung eines Kraftwerkes so teilen, daß auf die Nebenproduktenanlage der durchlaufende Teil entfällt (etwa durch Verbindung einer Gasmaschinenanlage mit Nebenproduktengewinnung und einer Dampfturbinenanlage), so würde die verhältnismäßig kleine Leistung der Nebenproduktenanlage und die Verschlechterung des Belastungsfaktors des Dampfturbinenteiles die gesamten Betriebskosten in der Regel ungünstig beeinflussen.

4) Einzelkraftanlagen sind hiernach für die Gewinnung von Nebenprodukten selten geeignet. Eine Ausnahme machen elektrochemische und ähnliche Betriebe mit gleichmäßig durchlaufender Belastung. Auch bei diesen hängt der Erfolg von einer vorsichtigen Prüfung des wirtschaftlichen Wagnisses ab. Gute Ausbeute, ausreichender Preis der Nebenprodukte und mäßiger Kohlenpreis sind unerläßliche Voraussetzung der Wirtschaftlichkeit.

5) Die Kohlensteuer schränkt die wirtschaftliche Gewinnung der Nebenprodukte merklich ein, Transporte über größere Entfernungen machen sie in der Regel unmöglich.

6) Braunkohlenanlagen sind in Fällen guter Teerausbeute in der Regel günstiger als Steinkohlenanlagen. Seit einiger Zeit sind Bestrebungen im Gange, die Beschaffenheit des Generatorteeres zu verbessern und ihn den sogenannten Temperaturteeren zu nähern[1]). Sie beruhen im wesentlichen darauf, daß die Entgasungsprodukte durch geeignete Maßnahmen der Hitze der Glutschicht entzogen und für sich aus dem Generator abgeführt werden, um zu verhindern, daß sich die primären Destillationsprodukte pyrogen zersetzen. Sollten diese Bestrebungen auch im praktischen Großbetrieb Erfolg haben, so ist die Gewinnung hochviskoser Oele (Schmieröle) und eine Wertsteigerung des Generatorteeres zu erwarten. Für manche Braunkohlen mit niedrigem Stickstoffgehalt und

[1]) Fischer, »Stahl und Eisen« 1917 S. 346.

hohem Teergehalt kann es vorteilhafter sein, auf die Gewinnung des Ammoniaks ganz zu verzichten.

7) In diesem Zusammenhange gewinnt die von mir empfohlene Verkupplung von Großkraftwerken erhöhte Bedeutung. Bei diesen wird man den auf der Grube belegenen, mit niedrigeren Kohlenpreisen arbeitenden Werken die durchlaufende Belastung ohnehin zuweisen. Es ist dann ein Wert des Belastungsfaktors von mehr als 60 vH durchaus erreichbar. Die dadurch entstehende Betriebsverteuerung der übrigen Kraftwerke kann durch Schichtenausfall zum Teil ausgeglichen werden. Die nicht auf Gruben belegenen Kraftwerke werden soweit als möglich des Nachts stillgesetzt.

Nach der an andrer Stelle [1]) gemachten Annahme, wonach man für das System gekuppelter Großkraftwerke in absehbarer Zeit für Preußen einen Verbrauch von 10 Milliarden kW-st erwarten darf, kann der auf diese Weise abspaltbare durchlaufende Verbrauch auf rd. 2 Milliarden kW-st veranschlagt werden. Danach ist folgende Zusammenstellung berechnet worden:

	reiner Dampfturbinenbetrieb	geteilter Betrieb
nutzbare Stromabgabe für Preußen Milliard. kW-st	10	10
Anteil der reinen Dampfturbinenwerke »	10	8
Anteil der Nebenproduktenwerke »	0	2
gesamte Anlagekosten der Werke . . Mill. ℳ	530	578
gesamte Betriebskosten . . . . »	rd. 215	rd. 209
Bei geteiltem Betrieb beträgt		
der Mehrbetrag an Anlagekosten . . . »	—	48
die Ersparnis an Betriebskosten . . . »	—	6

Die jährliche Ersparnis für Preußen ist somit rd. 6 Mill. ℳ und für ganz Deutschland rd. 8,5 Mill. ℳ. Dieser absolut genommen ansehnliche Wert beträgt nur 3 vH der gesamten Erzeugungskosten und ist somit im Verhältnis zu diesen als bescheiden zu bezeichnen. Immerhin können die zusätzlichen Anlagekosten in 6 bis 8 Jahren abgeschrieben werden, so daß es sich empfiehlt, den Nebenproduktenanlagen erhöhte Aufmerksamkeit zuzuwenden, zumal weitere Verbesserungen in Aussicht stehen.

[1]) Klingenberg, Elektrische Großwirtschaft, ETZ 1916.

VI. Allgemeine Aussichten der Nebenproduktenanlagen.

Will man ermitteln, welche Kohlenmengen in Nebenproduktenanlagen bei dem durch heutige technische Voraussetzungen begrenzten Feld wirtschaftlich verwertet werden können, soweit eine solche Schätzung angesichts der Unsicherheit der Grundlagen (Preise der Nebenprodukte) überhaupt möglich ist, so muß man von der Kohlenverteilung ausgehen.

Ungefähre Verteilung der deutschen Kohlenerzeugung im Jahre 1913[1]).

	Mill. t	vH
Hausbrand	17,0	9,1
deutsche Bahnen	17,5	9,3
Gaswerke	10,0	5,3
Elektrizitätswerke	5,5	2,9
Landwirtschaft und Nebenbetriebe	7,5	4,0
Kokereien	44,0	23,4
Brikettfabriken	6,5	8,5
Ausfuhr	24,5	13,1
Krieg- und Handelsschiffahrt	9,8	5,3
Industrie	45,7	24,1
	187,5	100,0

[1]) Biedermann, Deutschlands Kohlenschätze, Berlin 1916.

Die Angaben verschiedener Literaturquellen weichen zum Teil nicht unbeträchtlich voneinander ab, in die vorstehende Zahlentafel sind Mittelwerte eingesetzt.

Hiernach kann man die Kohle in folgende Gruppen einteilen, Abb. 16:

I. Gruppe. Teilweise Gewinnung der Nebenprodukte vorhanden: Kokereien, Gaswerke.

II. Gruppe. Gewinnung der Nebenprodukte teilweise aussichtsvoll: Elektrizitätswerke und die für Krafterzeugung der Industrie (nicht öffentliche Werke) dienenden Anlagen.

III. Gruppe. Teilweise Gewinnung der Nebenprodukte möglich, aber kaum lohnend: verarbeitende Industrie, Bahnen, Schiffahrt, Hausbrand.

IV. Gruppe. Gewinnung der Nebenprodukte ausgeschlossen: Landwirtschaft, Ausfuhrüberschuß usw.

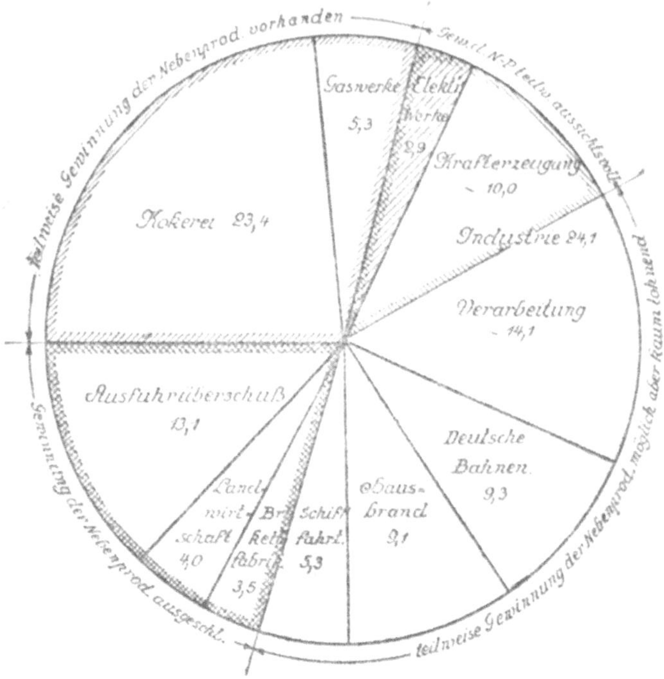

Abb. 16.
Ungefähre Verteilung der deutschen Kohlenerzeugung im Jahre 1913.

Im einzelnen ist folgendes zu bemerken:

I. Gruppe.

Nebenproduktenanlagen haben drei- bis viermal größere Ammoniakausbeute als Kokereien und Gasanstalten. Es erscheint daher wünschenswert, die Verkokung durch Generatoranlagen zu ersetzen.

Da aber ein sehr erheblicher Teil der Kokoreikoks für metallurgische Zwecke nötig ist, scheidet die entsprechende Kohlenmenge für die Vergasung von vornherein aus.

Der Gedanke, den Verbrauchern die für Raumbeheizung erforderliche Wärme nur noch in Form von Gas zuzuführen, ist verfehlt und aussichtslos. Die Gaswerke müßten dann für die Höchstbeanspruchung im Winter bemessen werden und wären während des größten Teiles des Jahres schlecht ausgenutzt. Die anteiligen Kapitalkosten würden die Erzeugungskosten des Gases unzulässig erhöhen. Aus diesen

Erwägungen heraus ist es auch aus Kreisen, die den Gaswerken nahe stehen, als unwirtschaftlich und nicht in ihrem Interesse liegend bezeichnet worden, die Raumbeheizung allgemein mit zu übernehmen [1]).

Für Generatoranlagen bestehen, wie die oben durchgeführten Berechnungen gezeigt haben, die gleichen Verhältnisse.

Auch der Mischgaserzeugung eröffnen sich aus denselben Ursachen keine günstigeren Aussichten; die für Mischgas zuweilen angegebenen sehr kleinen Gestehungskosten werden weit überschritten, wenn man die Instandhaltungs-, Verwaltungs- und Abschreibungskosten richtig in Ansatz bringt.

Eine Aufspeicherung des Gases zwecks Erzielung eines günstigeren Belastungsfaktors ist bei Generator- und bei Mischgas noch weniger möglich als bei Leuchtgas.

Was für die Erzeugung gilt, hat für die Fortleitung noch größere Bedeutung. Die Fortleitungskosten würden zumal bei armen Gasen und in weniger dicht besiedelten Gebieten außerordentlich hoch, auf dem platten Lande würden sie die Erzeugungskosten um ein Vielfaches übersteigen.

Die Fernleitung von Kokereigas kann nicht zum Vergleich herangezogen werden, weil es gewissermaßen als Abfallprodukt gewonnen und außerdem zu Preisen verkauft wird, die für allgemeine Raumbeheizung einen Wettbewerb mit unmittelbarer Kohlenfeuerung ausschließen.

Demgegenüber ist es weit billiger, den großen Wärmebedarf des Winters durch Anhäufung von Kokslagern in den Gasfabriken und von Kohlen- und Brikettlagern auf den Zechen und bei den Händlern zu decken. Eine einfache Ueberschlagrechnung zeigt bereits, daß der mechanische Transport der Wärme durch Beförderung der Kohle auf Kanälen, Eisenbahnen und Fuhrwerken in den weitaus meisten Fällen billiger wird als die Fernleitung des Gases.

Es soll aber angenommen werden, daß rd. 4 Mill. t Kohle, die bisher verkokt wurden, in Zukunft in Generatoren verarbeitet werden, deren Gase nach Entziehung der Nebenprodukte zur Beheizung metallurgischer Oefen usw. Verwendung finden.

II. Gruppe.

Nebenproduktengewinnung in nicht öffentlichen Kraftwerken und in der Industrie.

Die Stromerzeugung nicht öffentlicher Kraftwerke ist etwa 3,6 mal größer als die der öffentlichen [2]), sie würde so-

---

[1]) Schäfer, Preuß. Verwaltungsblatt 38. Jahrg. S. 155.

[2]) Dr. Siegel, Preuß. Jahrbücher Juni 1915.

mit zunächst nach den Ziffern des Jahres 1913 rd. 19,5 Mill. t oder etwa 10 vH der deutschen Kohlenerzeugung erfordern. Diese Zahl verringert sich durch die mit Gichtgas oder mit Koksofengas betriebenen Werke und erhöht sich durch den spezifisch wesentlich höheren Kohlenverbrauch der zahlreichen kleinen Kraftanlagen. Wenn beides sich annähernd aufhebt, so bleibt zu beachten, daß kleinere Kraftanlagen für die Gewinnung von Nebenprodukten nicht in Betracht kommen.

Nach vorstehenden Untersuchungen scheiden nun von den größeren noch alle diejenigen Kraftwerke aus, deren Belastungsfaktor unter 60 vH liegt, so daß im wesentlichen nur Kraftwerke großer chemischer Fabriken übrig bleiben. Eine Anzahl derartiger Werke sind erst während des Krieges mit zum Teil gewaltigen Leistungen entstanden. Ihre ausgebaute Leistung kann auf 500 000 kW mit einer Jahresabgabe von 3 bis 4 Milliarden kW-st geschätzt werden, entsprechend einem jährlichen Kohlenverbrauch von 3,5 bis 4,5 Mill. t Steinkohle. Nimmt man an, daß dieser vielleicht schon hoch gegriffene Wert sich noch durch den Verbrauch derjenigen Werke erhöhen ließe, die große Wärmemengen bei hohen Temperaturen erfordern (vorzugsweise metallurgische und keramische Anlagen, ferner Glashütten)[1], so kann der mit der Zeit für Nebenproduktengewinnung in Aussicht zu nehmende Kohlenverbrauch zu höchstens 5 Mill. t angesetzt werden.

III. Gruppe.
Kohle für Transportzwecke.

Die Vergasung der Kohle für Bahnzwecke steht mit der Elektrisierung der Bahnen im engsten Zusammenhange. Für die dann entstehenden Bahnkraftwerke würden die vorstehenden Berechnungen ohne weiteres anwendbar sein. Ob allerdings in absehbarer Zeit die Elektrisierung der Bahnen in großem Maßstabe durchführbar ist, sei dahingestellt; vorläufig sind die hierfür in Betracht kommenden Kohlenmengen jedenfalls noch so klein, daß sie außer Ansatz bleiben können. Die stärkere Einführung der Oelfeuerung im Lokomotivbetrieb und in der Schiffahrt würde gleichfalls zunächst die nachstehende Schätzung nicht verändern, weil die hierfür erforderlichen Oelmengen aus den für Kraft- und metallurgische Zwecke hinzukommenden Nebenproduktenanlagen verfügbar sein würden.

---

[1]) Zahlreiche Fachleute sind allerdings der Ansicht, daß für diese Zwecke Nebenproduktengewinnung nicht in Frage kommt, weil aus praktischen Gründen der Teer dem Gas nicht entzogen werden dürfe.

Für alle andern in Abb. 16 angegebenen Verwendungszwecke der Kohle scheidet die Nebenproduktengewinnung überhaupt aus.

Es lassen sich somit insgesamt folgende Kohlenmengen mit Aussicht auf wirtschaftlichen Erfolg vergasen:

1. Oeffentliche Elektrizitätswerke (nach Einführung großzügiger Elektrizitätswirtschaft)	rd.	2,0
2. Kokereien und Gasanstalten	»	4,0
3. Industrie	»	5,0
Summe	rd.	11,0

Auf Grund dieser Erwägungen erhält man eine Gesamtziffer von 11 Mill. t Steinkohle. Mit andern Worten: nach dem heutigen Stande der Technik besteht für weitere 6 vH der deutschen Kohlenerzeugung des Jahres 1913 Aussicht auf wirtschaftliche Gewinnung der Nebenprodukte durch Vergasung der Kohle in Generatoren. Voraussetzung dieses Ergebnisses ist die Stabilität des Marktes nach dem Kriege, insbesondere für die Stickstoffverbindungen. Es läßt sich noch merklich verbessern, wenn auf dem Gebiete der Tieftemperatur-Teergewinnung Fortschritte gemacht werden sollten.

Der Wert der aus dieser Kohlenmenge gewonnenen Nebenprodukte, zu Friedenspreisen gerechnet, ist nach Abzug der Schwefelsäurekosten auf etwa 90 Mill. ℳ zu schätzen. Es entstehen nämlich:

500 000 t Teer im Werte von etwa 10 bis 20 Mill. ℳ und
360 000 t Sulfat im Werte von etwa 60 bis 72 Mill. ℳ.

Die Teerausbeute würde etwa 55 vH des Kokereiteeres, die Sulfatausbeute etwa 70 vH der deutschen Erzeugung im Jahre 1912 ausmachen.

Die vorliegende Arbeit beschäftigt sich lediglich mit dem Gebiete der Kohlenvergasung. Die sogenannte Verflüssigung der Kohle durch ihre unmittelbare Vereinigung mit Wasserstoff zu Kohlenwasserstoffen unter Anwendung hoher Drücke und Temperaturen ist noch in der Entwicklung begriffen, so daß über ihre technischen und wirtschaftlichen Aussichten ein Urteil noch nicht gefällt werden kann. Sie ist daher in den Kreis dieser Betrachtungen nicht einbezogen.

Die Untersuchung hat gezeigt, daß der Gewinnung der Nebenprodukte eine bedeutsame Rolle in unserem Wirtschaftsleben zugeschrieben werden muß. Sie gehört aber mit zu den technischen Problemen, deren Einführung in die Praxis nur auf Grund sorgfältiger technischer und wirtschaftlicher Vorarbeiten und Untersuchungen Aussicht auf Erfolg hat.

Es ist der Hauptzweck der Arbeit, das wirtschaftliche Feld der Nebenproduktengewinnung annähernd zu umgrenzen und zur Widerlegung der zum Teil recht laienhaften Arbeiten über den gleichen Gegenstand beizutragen [1]), deren phantastische Ergebnisse leider eine bereitwillige und oft recht kritiklose Aufnahme in der Tagespresse gefunden und dadurch in vielen Köpfen unerfüllbare Vorstellungen erweckt haben.

Zur Zeit stehen wir technisch und wirtschaftlich noch am Anfange. Nach dem heutigen Stande der Technik können nur in verhältnismäßig wenigen Einzelfällen auch für Friedensverhältnisse wirtschaftlich befriedigende Ergebnisse erwartet werden. Das wirtschaftliche Interesse zwingt uns jedoch, auf dem aussichtsvollen Wege weiter zu schreiten. Reich und Einzelstaaten sollten sich mit der Industrie zu gemeinsamer Arbeit verbinden, um Deutschland auch für Oele die gleiche Unabhängigkeit vom Auslande zu sichern, die für Stickstoffverbindungen bereits erreicht ist. Der technischen Industrie fällt hierbei die Aufgabe zu, die Generatoranlagen weiter zu vervollkommnen, was besonders durch Verbesserung ihres Arbeitsprozesses, durch Vereinfachung ihrer Bedienung und durch Wertsteigerung ihrer Ausbeute erfolgen muß. Die chemische Industrie hat die Aufgabe, durch Weiterentwicklung der Teerprodukte neue Werte zu schaffen.

Der Staat muß für die gleichen Zwecke seine wissenschaftlichen Institute zur Verfügung stellen. Vor allen Dingen muß aber die systematische Untersuchung der deutschen Kohlen hinsichtlich ihrer chemischen Eigenschaften und hinsichtlich ihres Verhaltens im Generator durchgeführt werden. Versuchsanlagen müssen entstehen. Auch hierzu sollten sich Behörden und Industrie die Hand reichen.

[1]) Vergl. auch Caro, Chemiker-Zeitung 1917 S. 393.

Buchdruckerei A. W. Schade, Berlin N. 39.

GPSR Compliance

The European Union's (EU) General Product Safety Regulation (GPSR) is a set of rules that requires consumer products to be safe and our obligations to ensure this.

If you have any concerns about our products, you can contact us on ProductSafety@springernature.com

In case Publisher is established outside the EU, the EU authorized representative is:

Springer Nature Customer Service Center GmbH
Europaplatz 3
69115 Heidelberg, Germany

Batch number: 10844655

Printed by Printforce, the Netherlands